"十四五"职业教育国家规划教材

Flash CS6 动画制作案例教程

刘鹏程　赵淑娟　主　编◎

段　欣　主　审

U0303687

电子工业出版社.

Publishing House of Electronics Industry

北京·BEIJING

内 容 简 介

本书根据教育部颁发的《中等职业学校专业教学标准（试行）信息技术类（第一辑）》中的相关教学内容和要求编写，是数字媒体技术专业的基础课程教材。

本书采用案例教学、模块教学的方法，通过案例引领的方式主要讲述 Flash CS6 动画制作基础、工具的应用、基础动画、高级动画、应用文本、多媒体与脚本交互等最常用、最重要的功能和使用方法，并通过综合能力进阶全面展示 Flash 的动画制作技巧。

本书作为中等职业学校计算机应用与软件专业数字媒体及其相关方向的基础教材，也可作为各类计算机动漫培训教材，还可供计算机动漫从业人员参考。

未经许可，不得以任何方式复制或抄袭本书之部分或全部内容。

版权所有，侵权必究。

图书在版编目（CIP）数据

Flash CS6 动画制作案例教程 / 刘鹏程，赵淑娟主编. —北京：电子工业出版社，2018.8

ISBN 978-7-121-34656-9

Ⅰ．①F⋯ Ⅱ．①刘⋯ ②赵⋯ Ⅲ．①动画制作软件—职业教育—教材 Ⅳ．①TP391.414

中国版本图书馆 CIP 数据核字（2018）第 141608 号

策划编辑：关雅莉
责任编辑：裴　杰
印　　刷：天津千鹤文化传播有限公司
装　　订：天津千鹤文化传播有限公司
出版发行：电子工业出版社
　　　　　北京市海淀区万寿路 173 信箱　邮编　100036
开　　本：787×1 092　1/16　印张：12.25　字数：307.2 千字
版　　次：2018 年 8 月第 1 版
印　　次：2024 年 6 月第 23 次印刷
定　　价：36.00 元

PREFACE

本书根据教育部颁布的《中等职业学校专业教学标准（试行）信息技术类（第一辑）》中的相关教学内容和要求编写，是数字媒体技术专业基础课程的教材。

Flash 是 Adobe 公司的多媒体动画制作软件，它以制作简单、易于传播、交互性强和制作成本低等特点，赢得了广大多媒体动画专业制作人员以及业余爱好者的青睐。本书以案例的形式，循序渐进地阐述了 Flash CS6 的各种功能，让 Flash 初学者能够快速上手制作动画。

本书共 7 个模块，依次介绍了 Flash CS6 动画制作基础、工具的应用、基础动画、高级动画、应用文本、多媒体与脚本交互，以及综合能力进阶等内容。章节编排是按照一般的学习进程安排的，每个模块都精心设计了实用的教学案例、练习题及上机实训，以便帮助学生迅速掌握相关知识，快速提高实践能力。

本书内容丰富、结构清晰、案例新颖，具有很强的实用性，是一本既可以用来学习 Flash 基础动画制作，又可以用来学习 Flash 初中级编程的书籍。

本书由济南商贸学校刘鹏程、齐河职专赵淑娟担任主编，山东省教科院段欣担任主审，泰安岱岳区职专路璐等也参加了本书的编写，一些职业学校的老师参与了程序测试、试教和修改工作，在此表示衷心的感谢。

扫描二维码，获取资源下载链接

为了提高学习效率和教学效果，方便教师教学，本书还配有电子教学参考资料包，包括教学指南、电子教案、素材以及微课等，请有需要的教师登录华信教育资源网（http://www.hxedu.com.cn）免费注册后下载。有问题时请在网站留言板留言或与电子工业出版社联系（E-mail:hxedu@phei.com.cn）。

由于编者水平有限，书中难免有错误和不妥之处，恳请广大师生和读者批评指正。

编 者

CONTENTS

模块 1

●●●● Flash CS6 动画制作基础

Flash 是一种动画创作与应用程序开发于一身的创作软件，广泛用于创建吸引人的应用程序，它们包含丰富的视频、声音、图形和动画。可以在 Flash 中创建原始内容或者从其他 Adobe 应用程序（如 Photoshop 或 Illustrator）导入 Flash，快速设计简单的动画，以及使用 Adobe ActionScript 3.0 开发高级的交互式项目。Flash 设计人员和开发人员可使用它来创建演示文稿、应用程序和其他允许用户交互的内容。Flash 可以包含简单的动画、视频内容、复杂演示文稿和应用程序以及介于它们之间的任何内容。通常，使用 Flash 创作的各个内容单元称为应用程序，即使它们可能只是很简单的动画，也可以通过添加图片、声音、视频和特殊效果，构建包含丰富媒体的 Flash 应用程序。

1.1 Flash CS6 简介

Adobe Flash CS6 是用于创建动画和多媒体内容的强大的创作平台，在台式计算机和平板电脑、智能手机和电视等多种设备中都能呈现一致效果的互动体验。新版 Flash CS6 附带了可生成 Sprite 表单和访问专用设备的本地扩展。

1. 传统动画的局限性

传统动画是由美术动画电影传统的制作方法移植而来的，它利用电影原理，即人眼的视觉暂留现象，将一张张逐渐变化的连续动态过程的静止画面，经过摄像机逐张逐帧地拍摄编辑，再通过电视的播放系统，使之在屏幕上活动起来。传统动画有着一系列的制作工序，它首先要将动画镜头中每一个动作的关键及转折部分先设计出来，然后还需要经过一张张地描线、上色，逐张逐帧地拍摄录制。

传统动画有完整的制作流程，要求绘制者有一定的美术基础，并懂得动画运动规律，但因为工序复杂，制作人员多，导致成本投入非常大。

传统动画原理是一切动画的基础，Flash 二维动画也遵循这个原理，同时对手工传统动画进行了改进，也就是将事先手工制作的原动画输入计算机，由计算机辅助完成描线、上色工作，并由计算机控制完成记录工作，制作过程变得非常简单。

2. Flash 动画的技术与特点

Flash 动画相对于传统动画来说，技术优势是非常明显的：

- Flash 动画比传统的动画更加灵巧，可以使音效和动画融合在一起，创作出类似电影一样的精彩动画，具有强烈的艺术感。
- 使用矢量图形和流式播放技术。画面无论放大多少倍都不会失真，具有体积小、传输和下载速度快的特点，并且可以边下载边播放。
- 拥有自己的 ActionScript 脚本语言，可以实现交互性，具有更大的设计自由度。
- 具有跨平台性和可移植性。无论处于何种平台，只要安装了支持 Flash 的 Player，就可以保证最终显示效果的一致。

3. Flash 动画的应用范围

由于 Flash 动画的诸多优点，使 Flash 的应用非常广泛。从某种程度上说，Flash 动画带动了中国动漫业的发展。现在，Flash 的舞台已经不局限于互联网，电视、电影、移动媒体、教学课件、MTV 音乐电视等都是它展示的舞台。Flash 动画借助这些媒体已经深入人心，看 Flash 动画已经成为互联网时代一种新的休闲方式。轻松的幽默剧、好玩的交互游戏、精彩的网站片头、实用的 Flash 广告、寓教于乐的 Flash 课件、美轮美奂的 Flash MTV 等都是 Flash 动画的表现形式。图 1-1 所示为两幅 Flash 动画的截图。

图 1-1　Flash 动画截图

4. Flash 文件格式

在 Flash 中，用户可以处理多种类型的文件（如 fla、xfl、swf、as、swc、asc、flp 等格式），也可以导出多种类型的文件（如 swf、gif、avi、mov、jpg、png、gif、bmp 等格式）不同类型的文件其用途各不相同。下面对常用的文件类型进行简单介绍：

- Fla 文件

Fla 是一种包含原始素材的 Flash 动画格式。fla 文件可以在 Flash 认证的软件中进行编辑并且编译生成 swf 文件。所有的原始素材都保存在 fla 文件中，由于它包含所需要的全部原始信息，所以体积较大，fla 文件是千万不能丢失的，否则一切都要重新来做。

- xfl 文件

使用过 Flash CS5 的用户都知道，在 Flash CS5 中新增加了一种文件格式，就是 xfl 文件。处于项目文件开源的考虑，Adobe 公司推出了这样一种公开格式的文档。在我们平常使用过程中，熟悉和了解项目文件是非常重要的。举一个简单的例子，微软的 VS（Visual Studio）软件所有的项目文档都可以用记事本来打开，也就是说所有的项目文档都是文本文档。这样不仅利于程序的修改，同时可以与第三方软件兼容。

- SWF 文件

SWF 是一种基于矢量的 Flash 动画文件，一般用 Flash 软件创作并生成 SWF 文件格式，也可以通过相应软件将 PDF 等格式转换为 SWF 格式。SWF 格式文件广泛用于创建吸引人的应用程序，它们包含丰富的视频、声音、图形和动画。SWF 文件是 FLA 的编译版本，是能在网页上显示的文件。当用户发布 FLA 文件时，Flash 将创建一个 SWF 文件。

- AS 文件

该文件指 ActionScript 文件，用于将部分或全部 ActionScript 代码放置在 FLA 文件以外的位置。

5. Flash CS6 新增功能

- 生成 Sprite 表单

导出元件和动画序列，以快速生成 Sprite 表单，协助改善游戏体验、工作流程和性能。

- HTML 的新支持

以 Flash Professional 的核心动画和绘图功能为基础，利用新的扩展功能（单独提供）创建交互式 HTML 内容。导出 JavaScript 来针对 CreateJS 开源架构进行开发。

- 广泛的平台和设备支持

锁定最新的 Adobe Flash Player 和 AIR 运行时，使您能针对 Android 和 iOS 平台进行设计。

- 创建预先封装的 Adobe AIR 应用程序

使用预先封装的 Adobe AIR captive 运行时创建和发布应用程序。简化应用程序的测试流程，使终端用户无须额外下载即可运行您的内容。

- AdobeAIR 移动设备模拟

模拟屏幕方向、触控手势和加速计等常用的移动设备应用互动来加速测试流程。

- 锁定 3D 场景

使用直接模式作用于针对硬件加速的 2D 内容的开源 Starling Framework，从而增强渲染效果。

- 可伸缩的工具箱

在 Flash CS6 里，所有的工具窗口都可以自由伸缩，从而使画面非常具有弹性。

- 可导入的文件格式更多

几乎所有媒体格式文件都可导入。

6. Flash 制作动画的基本流程

制作一部动画如同制作电影一样，无论是何种规模和类型，都可以分为三个步骤：前期策划、创作动画、测试及发布动画。

(1) 前期策划

前期策划阶段可分为总体构思阶段和素材搜集阶段。

总体构思阶段主要进行一些准备工作，包括主题的确定、动画脚本的编写、素材的准备等工作。这一阶段实际上是一个创意的过程，如怎样安排故事的情节，怎样进行完美的表现，它最终决定了动画制作的质量。

前期的构思，就像为高楼绘制蓝图，在蓝图绘制好后，接下来就是要为大楼准备建筑材料了。而这里，我们要准备的是素材。

① 收集素材。收集与作品主题相关的素材，包括文本、图片、声音和影片剪辑等。注意要有针对性、有目的性地搜集，这样可以节约时间和精力，还能有效地缩短动画制作的周期。

② 整理素材.将收集来的素材进行合理编辑，使素材能最确切地表达出作品的意境。

(2) 创作动画

将准备好的素材导入 Flash 中，按照设计要求对素材进行分类使用。这是整个动画制作的主干部分，要把握好各类工具的使用，在舞台和时间轴中排列这些媒体元素，添加各种动画效果等，准确、生动地将作品的主题表达出来。

(3) 测试及发布动画

当一部动画制作完成后，应多次对其进行测试以验证动画是否按预期设想进行工作，从内容、界面、素材、性能等多个方面查找并解决所遇到的错误。经过检查和优化，确认没有问题后，将其进行发布，以便在网络或其他媒体中使用。通过发布设置，可以将动画导出为 Flash、HTML、GIF、JPEG、EXE、Macintosh、QuickTime 等格式。

通俗地讲，动画制作的一般流程可归纳为：设计脚本、规划场景、布置舞台、挑选演员、后台补妆、登台亮相。

1.2　Flash CS6 操作界面

启动 Flash CS6 后，它的操作界面如图 1-2 所示，包括菜单栏、时间轴、工具栏、舞台、属性面板和重叠浮动面板等六个部分。在利用 Flash 进行设计与制作时，通常情况下，是利用工具栏中的工具进行动画元素的创作，利用时间轴安排并控制动画的播放，在属性面板中调节舞台上实例的属性。

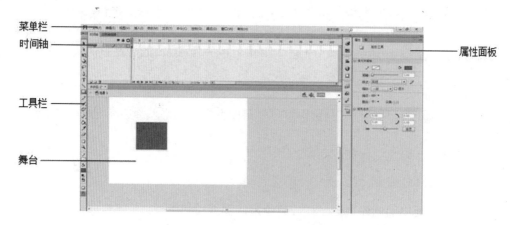

图 1-2　Flash CS6 操作界面

1. 菜单栏

菜单栏共包括 11 个菜单，如图 1-3 所示，在编辑文档时，各个菜单有其相应的功能，具体功能简述如下。

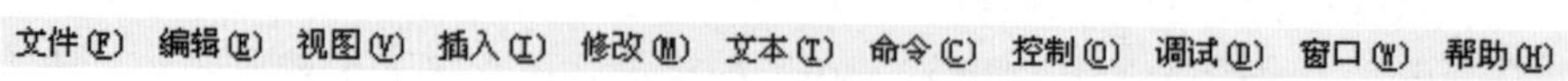

文件(F)　编辑(E)　视图(V)　插入(I)　修改(M)　文本(T)　命令(C)　控制(O)　调试(D)　窗口(W)　帮助(H)

图 1-3　菜单栏

- 文件：可以执行创建、打开、保存、关闭和导入/导出等文件操作。
- 编辑：可以执行剪切、复制、粘贴、撤销、清除与查找等编辑操作。
- 视图：可以执行放大、缩小、标尺与网格等有关视图的操作。
- 插入：可以执行插入新元素，例如帧、图层、元件、场景及补间动画、补间形状、传统补间等操作。
- 修改：可以执行元素本身或元素属性的变换操作，例如将位图转换为矢量图，将选中的对象转换为新元件等。
- 文本：可以设置与文本有关的属性，例如设置字体、设置字距与检查拼写等。
- 命令：可以执行与运行程序相关的操作，可以管理和运行命令，实现批处理的目的。
- 控制：可以执行影片测试有关的命令，例如测试影片、测试场景、播放与停止等。
- 调试：可以调试影片，发现其中的错误。
- 窗口：可以对窗口和面板进行管理，例如新建窗口、展开或隐藏某个面板、将窗口作特定排列等。
- 帮助：可以提供工作过程的支持。

2. 时间轴

时间轴是创作动画时使用层和帧组织和控制动画内容的窗口，层和帧中的内容随时间的改变而发生变化，从而产生了动画。时间轴主要由层、帧和播放头组成。时间轴的基本组成如图 1-4 所示。

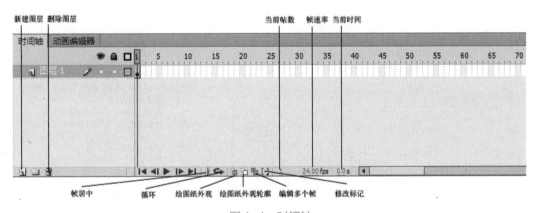

图 1-4　时间轴

在时间轴面板上，多帧编辑和绘图纸外观模式（洋葱皮模式）是在制作动画中最常使用的辅助功能。制作动画时，很多时候都需要参考当前帧与前后帧的内容来辅助处理当前帧的内容，这时就需要采用绘图纸外观模式来达到这个目的。通过绘图纸外观模式，可以看到当前帧以外的其他帧的内容，这样就可以方便当前帧与前后帧相对照，从而更好地进行编辑动画，如图 1-5 和图 1-6 所示。

另外，除了设计时可以利用绘图纸外观进行参考外，一些情况下必须同时处理连续的多帧中的内容，这时就需要用到多帧编辑了，多帧编辑是进行整体修改的一个方便手段。

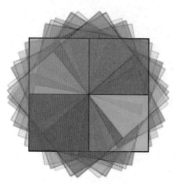

图1-5　绘图纸外观

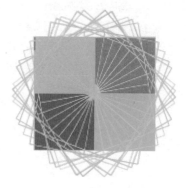

图1-6　绘图纸外观轮廓

3. 舞台

　　Flash 舞台是指供动画播放的场地，也就是指场景。舞台就是专门用来容纳、包含图层里面的各种对象的平台，它相当于一块场地，上面可以摆放与动画相关的各种对象或元件。同时，这个场地也是动画播放的舞台。所以，它既是摆放的场地也是动画表演的舞台。舞台是由图层组成的，而图层又是由帧来组成的，Flash 里面允许建立一个或多个场景，以此来扩充更多的舞台范围。舞台通常是一个矩形区域，也可以根据需要显示一些辅助工具，例如，图1-7 所示是一个带有标尺和网格的舞台。

4. 工具栏

　　工具栏也称工具面板，位于工作界面左侧，工具栏是 Flash 中最常用的一个面板，包含Flash 编辑过程中常用的工具，用鼠标单击即可选中其中的工具，操作简便，如图1-8 所示。

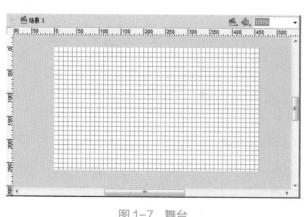

图1-7　舞台

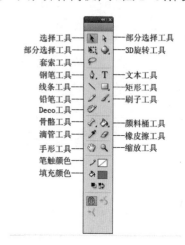

图1-8　工具面板

　　工具栏中显示为系统默认的工具设置，执行 "编辑→自定义工具面板" 菜单命令，打开 "自定义工具面板" 对话框，如图1-9 所示，可以根据需要重新安排和组合工具面板中的工具。在 "可用工具" 选项列表框中选择工具，单击 "增加" 按钮，就可以将选择的工具添加到 "当前选择" 列表框中；在 "当前选择" 列表框中选择工具，单击 "删除" 按钮，就可以将选择的工具删除；单击 "恢复默认值" 按钮，就可以恢复系统默认的工具设置。

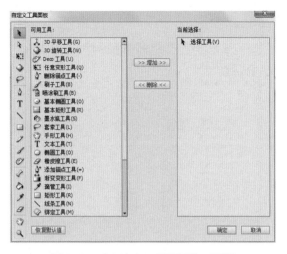

图 1-9 "自定义工具面板"对话框

5. 常用面板

工作区在传统状态下，在舞台右侧有几个比较常用的浮动面板，如属性面板、滤镜面板和库面板等。只要单击面板的标题栏名称，即可展开该面板，再次单击该标题栏，可最小化面板。

（1）属性面板

属性面板用于显示和修改所选对象的参数，它随着所选对象的不同而不同，我们将在后面的章节中具体应用，如图 1-10 所示。

（2）库面板

库面板用于存储和组织在 Flash 中创建的各种元件，也还用于存储和组织导入的文件，包括位图图形、声音文件和视频剪辑等，如图 1-11 所示。

图 1-10 属性面板

图 1-11 库面板

（3）动作面板

动作面板是主要的"开发面板"之一，是动作脚本的编辑器，我们会在后面的动作脚本章节中具体详解，如图 1-12 所示。

图 1-12　动作面板

6. 其他面板

(1) "颜色/样本"面板组

默认情况下，"颜色"面板和"样本"面板合为一个面板组。"颜色"面板可以创建、编辑"笔触颜色"和"填充颜色"，其默认为 RGB 模式，显示红、绿和蓝的颜色值，如图 1-13 所示。"样本"面板中存放了 Flash 中所有的颜色，单击"样本"面板右侧的按钮，从弹出的下拉菜单中可以对其进行相关的管理，如图 1-14 所示。

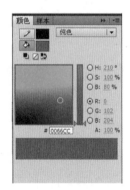

图 1-13　颜色面板

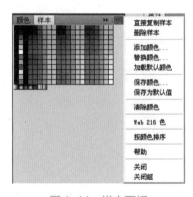

图 1-14　样本面板

(2) 对齐面板

对齐面板主要用于对齐在同一个场景中选中的多个对象，如图 1-15 所示。

(3) 信息面板

使用信息面板可以查看对象的大小、位置、颜色和鼠标指针的信息，而且还可以对其参数进行调整，如图 1-16 所示。

(4) 变形面板

变形面板可以对选中对象执行缩放、旋转、倾斜和创建副本的操作，该面板分为 3 个区域，最上面是缩放区，可以输入"垂直"和"水平"缩放的百分比值；选中"旋转"单选按钮，可输入旋转角度，使对象旋转；选中"倾斜"单选按钮，可输入"水平"和"垂直"角度来倾斜对象；单击面板下方的"复制并应用变形"按钮，可执行变形操作并且复制对象的副本；单击"重置"按钮，可恢复上一步的变形操作，如图 1-17 所示。

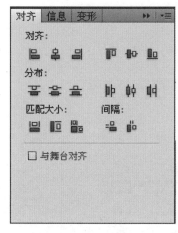

图 1-15　对齐面板

图 1-16　信息面板

图 1-17　变形面板

（5）行为面板

利用行为面板，可以无须编写代码即可为动画添加交互性，如链接到 Web 站点、载入声音和图像、控制嵌入视频的播放及触发数据源。通过单击该面板上的"添加行为"按钮来添加相关的事件和动作，添加完的事件和动作将显示在行为面板中，如图 1-18 所示。

（6）调试器面板

执行调试影片命令，可以激活调试器面板，使用该面板可以发现影片中的错误，如图 1-19 所示。

（7）影片浏览器面板

使用影片浏览器面板可以查看和组织文档的内容，并在文档中选择元素进行修改。用户可以设置或自定义在影片浏览器面板中要显示文档中的哪些内容，单击"显示"右侧的六个按钮可进行分类显示，如图 1-20 所示。

图 1-18　行为面板

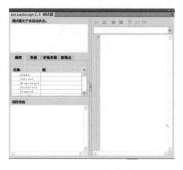

图 1-19　调试器面板

图 1-20　影片浏览器面板

（8）组件/组件检查器面板

利用组件面板，可以查看所有的组件，并可以在创作过程中将组件添加到动画中。组件是应用程序的封装构建模块，一个组件就是一段"影片剪辑"，所有组件都存储在组件面板中，如图 1-21 所示。

在组件面板中，将组件拖动到舞台上，可创建该组件的一个实例，选中组件实例，可以在组件检查器面板中查看组件属性，设置组件实例的参数等，如图 1-22 所示。

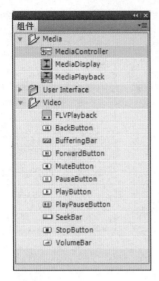

图 1-21　组件面板

图 1-22　组件检查器面板

1.3　Flash 动画的基本概念

学习 Flash 要理解 Flash 的最基本概念：对象、场景、图层、帧、元件、实例、动作脚本，深入理解这些概念的功能是掌握 Flash 的关键。

1.　对象

在 Flash 中创建的各种线条、图案和声音元素统称为"对象"。

2.　场景

电影需要很多场景，并且每个场景的对象可能都是不同的。与拍电影一样，Flash 可以将多个场景中的动作组合成一个连贯的电影。场景的数量是没有限制的，可以通过场景（Scene）面板来完成对场景的添加/删除操作，并可以拖曳其中各场景的排列顺序来改变播放的先后次序，如图 1-23 所示。

3.　图层

图层可以看成是叠放在一起的透明的胶片，如果图层上没有任何东西，就可以透过它直接看到下一图层，所以可以根据需要，在不同图层上编辑不同的动画而互不影响，并在放映时得到合成的效果。

图层有两大特点：除了画有图形或文字的地方，其他部分都是透明的，也就是说，下一图层的内容可以通过透明的这部分显示出来；图层又是相对独立的，修改其中任一图层，不会影响到其他图层。

在 Flash 中打开图层属性面板，如图 1-24 所示，可以看到图层有普通层、遮罩/被遮罩、引导/被引导层这五类，各类图层可以方便地进行转换，其中遮罩/被遮罩、引导/被引导图层是成对出现的。可以通过"层文件夹"方便地对层进行管理操作。

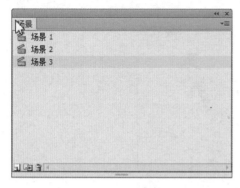

图1-23 场景

图1-24 图层属性

4. 帧

我们知道一段动画（电影）是由一幅幅的静态的连续的图片所组成的，在这里称每一幅的静态图片为"帧"。一个个连续的"帧"快速切换就形成了一段动画，帧是 Flash 中最小的时间单位。根据帧的作用区分，可以将帧分为以下三类，如图1-25所示。

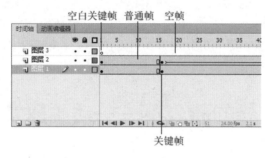

图1-25 帧的分类

- 普通帧：包括普通帧和空帧，如图1-26所示。
- 关键帧：包括关键帧和空白关键帧，如图1-27所示。

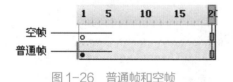

图1-26 普通帧和空帧   图1-27 关键帧和空白关键帧

5. 元件

元件又称作符号，是指电影里的每一个独立的元素，可以是文字、图形、按钮、电影片段等，就像电影里的演员、道具一样。一般来说，建立一个 Flash 动画之前，先要规划和建立好需要调用的元件，然后在实际制作过程中随时可以使用，如图1-28所示。

6. 实例

当把一个元件放到舞台或另一个元件中时，就创建了一个该图符的实例，也就是说实例是元件的实际应用，如图 1-28 所示。元件的运用可以缩小文档的尺寸，这是因为不管创建了多少个实例，Flash 在文档中只保存一份副本。同样，运用元件可以加快动画播放的速度。

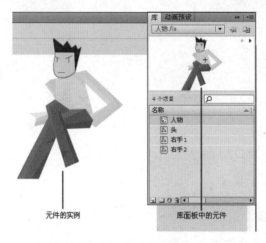

图 1-28　Flash 中的元件与实例

7. 动作脚本

ActionScript 是 Flash 的脚本语言，与 JavaScript 相似，ActionScript 是一种面向对象的编程语言。Flash 使用 ActionScript 给电影添加交互性效果。在简单电影中，Flash 按顺序播放电影中的场景和帧，而在交互电影中，用户可以使用键盘或鼠标与电影交互。

案例❶　飞舞的蒲公英——动画欣赏与制作

案例描述

蒲公英是自由自在，随风飘去的，风吹过的地方总有一缕缕白色的蒲公英种子在空中轻盈地飞舞，如图 1-29 所示。

图 1-29　飞舞的蒲公英效果图

案例分析

- 快速掌握在 Flash 中制作一个简单运动动画的基本方法，同时也对 Flash 动画有个初步的感性认识。
- 导入背景和蒲公英的相关图像文件，完成素材的准备工作。
- 对蒲公英创建一个影片剪辑元件，然后做一个从左向右的传统补间动画。

操作步骤

1. 新建舞台背景色为黑色的 Flash 文档，按组合键【Ctrl+S】打开"另存为"对话框，选择保存路径，输入文件名"飞舞的蒲公英"，然后单击"确定"按钮，回到工作区。

2. 导入动画所需的背景图片。执行 "文件→导入→导入到舞台" 菜单命令，将素材文件"背景.jpg"导入到场景中。在舞台空白区域单击，使属性面板显示文档属性，单击属性面板中编辑文档属性按钮，如图 1-30 所示，弹出"文档设置"对话框，在匹配选项中，选择"内容"，如图 1-31 所示，单击"确定"按钮。此时，将舞台大小设置为背景图片大小。选择第 100 帧，按 F5 键，添加普通帧。

图 1-30　属性面板

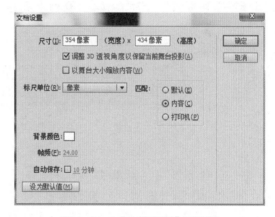

图 1-31　"文档设置"对话框

013

3. 创建蒲公英的影片剪辑元件。执行 "插入→新建元件"菜单命令，在打开的"创建新元件"对话框中输入名称"蒲公英"，选择类型"影片剪辑"，如图 1-32 所示。

图 1-32　创建新元件

4. 在影片剪辑"蒲公英"的编辑状态下，执行 "文件→导入→导入到库"菜单命令，从相应路径下找到图片"蒲公英.png"，执行导入操作。

5. 将素材"蒲公英.png"从库中拉至工作区，选择第 100 帧，按 F6 键，添加关键帧，并把该帧的"蒲公英"实例向右上侧移动一段距离。选中第1帧至第100帧中的任意一帧，单击鼠标右键，选择"创建传统补间"命令，如图1-33所示，这样蒲公英飞舞的动画就创建好了，产生被风吹动的效果。

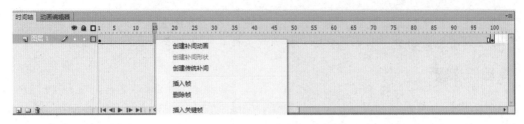

图 1-33　创建传统补间动画

6．单击插入图层按钮 ，新建一个图层（图层2），重复步骤5的操作，移动蒲公英第1帧和第100帧的位置，并使用任意变形工具 适当缩小一点，产生大小两个蒲公英被风吹动的效果。

7．多次重复步骤6的操作，使用任意变形工具 适当改变蒲公英的大小和方向，产生多个蒲公英一起被风吹动的效果，最终时间轴如图1-34所示。

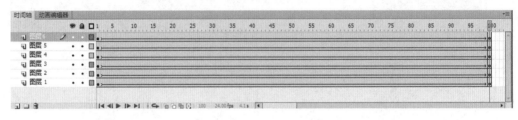

图 1-34　时间轴

8．回到场景1，新建图层，将影片剪辑"蒲公英"拖到舞台左侧，按组合键【Ctrl+Enter】测试影片，效果如图1-29所示。若效果不理想，双击库面板的影片剪辑"蒲公英"实例，进入影片剪辑"蒲公英"的编辑状态下进行修改。

9．保存文件。

1.4　Flash CS6 基本操作

1．启动与退出 Flash CS6

（1）启动 Flash CS6

在成功安装了 Flash CS6 后，便可以启动 Flash CS6 了，常用的方法有两种。

方法一：执行"开始→所有程序→Adobe Flash Professional CS6"命令，进入 Flash CS6 的欢迎界面，如图1-35所示。在欢迎界面中，用户可以在"打开最近的项目"、"新建"和"从模板创建"三个选项区中进行所需操作。

方法二：双击桌面的上 Adobe Flash CS6 快

图 1-35　欢迎界面

捷图标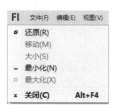或双击格式为 FLA 的 Flash 源文件都可以快速启动 Flash CS6。

（2）退出 Flash CS6

如果要退出 Flash CS6，可以通过以下三种方法进行操作：

方法一：执行 "文件→退出" 菜单命令，可退出 Flash CS6。

方法二：单击标题栏右侧的 "关闭" 按钮 **X**。

方法三：双击标题栏最左侧的 Flash CS6 图标 **Fl**，或者单击该图标，在弹出的控制菜单中选择 "关闭" 命令，如图 1-36 所示。

注意：若 Flash 文档在退出时没有进行保存，则系统会弹出一个提示对话框，询问是否要保存文档，如图 1-37 所示，应根据需要进行合适的操作。

图 1-36 控制菜单

图 1-37 提示保存对话框

2. 文档基本操作

（1）创建新文档

启动 Flash CS6 后，执行 "文件→新建" 菜单命令或按【Ctrl+N】组合键，弹出 "新建文档" 对话框，如图 1-38 所示。在该对话框的 "常规" 选项卡中，可以创建各种常规文件；在 "描述" 项中，显示了该文件类型的简单介绍。单击 "确定" 按钮，即可创建相应类型的文档。

用户也可以使用模板来创建新文档，其方法为：在 "新建文档" 对话框中，选择 "模板" 选项卡，从 "类别" 列表中选择一个类别，并从 "类别项目" 列表中选择一个模板文档，然后单击 "确定" 按钮。创建时可以选择 Flash 自带的标准模板，也可以选择用户保存的模板。

（2）保存文件

当动画制作好后，需要对文档进行保存。打开 "文件" 菜单，可以看到保存文档的方法有很多种，如图 1-39 所示。下面对几种最常用的 Flash 文档的保存方法进行简单介绍。

图 1-38 "新建文档" 对话框

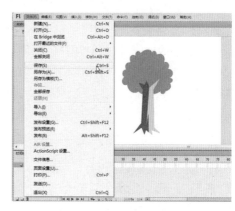

图 1-39 "保存" 命令

- "保存"命令

如果是第一次保存文件，则会弹出"另存为"对话框，在确定保存位置、文件名及类型后，单击"保存"按钮即可。在 Flash CS6 中有三种保存类型：一种是默认的 Flash CS6 文档（这是默认保存类型）；另两种是 Flash CS5.5 文档、Flash CS5 文档（为了和 Flash CS6 兼容）。如果文件原来已经保存过，则直接选择"保存"命令即可。

- "另存为"命令

该命令可将已经保存的文件以另一个名称或在另一个位置进行保存，选择该命令将弹出"另存为"对话框。

- "另存为模板"命令

该命令可以将文件保存为模板，这样就可以将该文件中的格式直接应用到其他文件中，从而形成统一的文件格式。选择该命令后将弹出"另存为模板"对话框，如图1-40所示。

- "全部保存"命令

该命令用于同时保存多个文档，若这些文档曾经保存过，选择该命令后系统会对所有打开的文档再次进行保存；若没有保存过，则系统会弹出"另存为"对话框，然后再逐个进行保存。

(3) 打开文档

执行"文件→打开"菜单命令或按【Ctrl+O】组合键，可弹出"打开"对话框，如图1-41所示。在"查找范围"下拉列表框中选择要打开的文件的路径，然后选择要打开的文件，单击"打开"按钮即可。

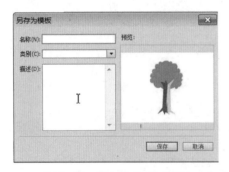

图1-40　另存为模板对话框

图1-41　打开对话框

(4) 关闭文档

执行"文件→关闭"菜单命令或按【Ctrl+W】组合键，可关闭文档；执行"文件→关闭全部"菜单命令或按【Ctrl+Alt+W】组合键，可一次关闭所有文档。

另外，在打开的文档标题栏上，单击"关闭"按钮✖，或单击鼠标右键，在弹出的快捷菜单中选择"关闭"或"全部关闭"命令，也可以关闭文件。

3. 导出文件

动画制作完毕之后，可以将其导出以得到单独格式的 Flash 作品，方便以后自由使用，在 Flash 软件中，可以将制作的动画以影片、图像的形式导出，或是导出部分选中的内容，如图1-42所示。Flash CS6 可以输出多种格式的动画或图形文件，一般包括以下几种常用类型：SWF 影片（*.swf）、Windows AVI（*.avi）、WAV 音频（*.wav）、JPEG 图像（*.jpg）、GIF 序列（*.gif）、PNG 序列（*png）。

图1-42　导出方式

(1) 导出动画影片

执行"文件→导出→导出影片"菜单命令或按【Ctrl+Alt+Shift+S】组合键，可弹出"导出影片"对话框，如图1-43所示。选择文件存放的位置，在"文件名（N）"文本框中输入相应的名称，在"保存类型（T）"下拉菜单中选择影片格式，单击"保存"按钮，即可将制作完毕的Flash动画保存为影片。

(2) 导出 GIF 图像

选择需要导出图像的对应帧，执行"文件→导出→导出图像"菜单命令，可弹出"导出图像"对话框，如图1-44所示。选择文件存放的位置，在"文件名（N）"文本框中输入相应的名称，在"保存类型（T）"下拉菜单中选择GIF图像（*.gif），单击"保存"按钮，弹出"导出GIF"对话框，如图1-45所示，设置图片的尺寸、分辨率、包含（设置导出图像的内容）、颜色、交错、透明、平滑、抖动纯色等选项，最后单击"确定"按钮即可将制作完毕的Flash动画中的某一帧保存为静态图像。

图1-43　"导出影片"对话框

图1-44　"导出图像"对话框

(3) 导出所选内容

如果只想导出动画的部分内容，选择需要导出图像的内容，执行"文件→导出→导出所选内容"菜单命令，可弹出"导出图像"对话框，如图1-46所示。选择文件存放的位置，在"文件名（N）"文本框中输入相应的名称，在"保存类型（T）"下拉菜单中仅有一个可选项（Adobe FXG（*.fxg）），单击"保存"按钮，就可将选中的内容导出为FXG格式的文件。

📖 **知识拓展**

辅助线、标尺、网格的使用

在Flash中，标尺、网格、辅助线和紧贴可以帮助用户精确地绘制对象。用户可以在文档中显示辅助线，然后使对象贴紧至辅助线，也可以显示网格，然后使对象贴紧至网格。

图 1-45 "导出 GIF"对话框　　　　　　　图 1-46 导出所选内容对话框

1. 辅助线的使用

如果显示了标尺，在垂直标尺或水平标尺上按住鼠标左键并拖动到舞台上，辅助线就被绘制出来了，它的默认颜色为绿色，如图 1-47 所示。

通过执行"视图→辅助线→编辑辅助线"菜单命令，可以修改辅助线的颜色等；执行"视图→辅助线→锁定辅助线"菜单命令，可以将辅助线锁定；在"辅助线"对话框的"贴紧精确度"中，还可以设置辅助线的"贴紧精确度"，如图 1-48 所示。

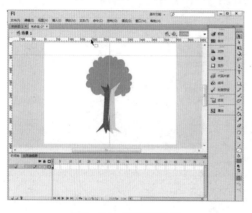

图 1-47 绘制辅助线　　　　　　　　　图 1-48 "辅助线"对话框

在辅助线处于解锁状态时，选择工具箱中的"选择工具"，拖动辅助线可以改变辅助线的位置，拖动辅助线到舞台外可以删除辅助线，也可以执行"视图→辅助线→清除辅助线"菜单命令来删除全部的辅助线。

2. 标尺的使用

在 Flash 中，若要显示标尺，可以执行"视图→标尺"菜单命令，此时可以将标尺显示出来，如图 1-49 所示。显示在工作区左边的是"垂直标尺"，用来测量对象的高度；显示在工作区上边的是"水平标尺"，用来测量对象的宽度。

默认情况下，标尺的度量单位为像素，用户可以对其进行更改。执行"修改→文档"

菜单命令，打开"文档设置"对话框，在"标尺单位"下拉列表中选择一种合适单位即可，如图 1-50 所示。

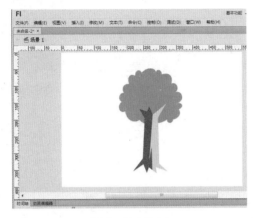
图 1-49 标尺

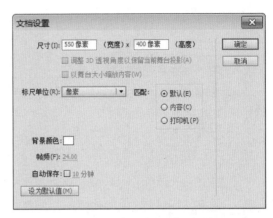
图 1-50 "文档设置"对话框

3. 网格的使用

执行"视图→网格→显示网格"菜单命令，可以显示或隐藏网格线，如图 1-51 所示。

另外，用户还可以根据需要对网格的颜色和大小进行修改，还可以设置贴紧至网格及贴紧精确度。执行"视图→网格→编辑网格"菜单命令，在弹出的"网格"对话框中进行相应的设置即可，如图 1-52 所示。

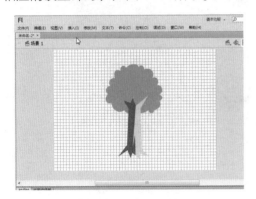
图 1-51 显示网格

图 1-52 "网格"对话框

思考与实训 1

一、填空题

1. Flash CS6 可以处理多种类型的文档，有＿＿＿＿＿、＿＿＿＿＿、＿＿＿＿＿、.swc、.asc、和.flp 等类型。

2. Flash 特有的语言是＿＿＿＿＿＿＿＿。

3. 要调整舞台上实例的大小可以通过＿＿＿＿＿＿面板的参数来调整。

4. Flash 动画采用＿＿＿＿＿＿和＿＿＿＿＿＿技术，具有体积小、传输和下载速度快的特点，并且动画可以边下载边播放。

5．当把一个元件放到舞台或另一个元件中时，就创建了一个该图符的＿＿＿＿＿＿＿。

6．一个动画可以由多个场景组成，＿＿＿＿＿＿＿面板中显示了当前动画的场景数量和播放先后顺序。

7．Flash 动画源文件的扩展名为＿＿＿＿＿＿＿，导出后影片文件的扩展名为＿＿＿＿＿＿＿。

8．在 Flash 中，帧一般分为＿＿＿＿＿＿＿、＿＿＿＿＿＿＿、＿＿＿＿＿＿＿三种。

9．就像堆叠在一起的多张幻灯片一样，每个＿＿＿＿＿＿＿都包含一组显示在舞台中的不同图像。

10．Flash 拥有自己的脚本语言＿＿＿＿＿＿＿，可以制作出交互性动画。

二、上机实训

1．上机练习 Flash 文档的新建、保存、打开与关闭操作。

2．练习 Flash CS6 的操作界面，能熟练掌握各浮动面板的打开与关闭。

3．利用学过的动画理论知识，练习制作"樱桃下落"动画，效果如图 1-53 所示。

图 1-53　樱桃下落动画效果图

模块 **2**

●●●●● Flash CS6 工具的应用

案例 **②** 日落——绘制基本图形

案例描述

使用基本的绘图工具，绘制如图 2-1 所示的日落效果。

图 2-1 "日落"效果

案例分析

- 通过使用工具箱中的矩形工具组、线条工具、部分选择工具及颜料桶工具等，完成复杂图形的绘制。
- 该案例主要练习天空、太阳、树等图形对象的绘制，以及在舞台上分布的技巧。

操作步骤

1. 新建 Flash 文档，设置舞台大小为 1020*400 像素，背景颜色为白色。按组合键【Ctrl+S】打开"另存为"对话框，选择保存路径，输入文件名"日落"，然后单击"确定"按钮，回到工作区。

2. 绘制天空。单击"插入→新建元件"命令，新建一个元件，命名为"天空"，类型选择"图形"。打开"颜色"面板，设置填充颜色为"线性渐变"，设置 4 个渐变色分别为

#FFFFFF、#FFD535、#FFB115、#E96B07，如图 2-2 所示。选择"矩形工具"，设置笔触颜色为无，绘制一个矩形，选择"颜料桶工具"，在绘制的矩形内由上向下拖曳，设置矩形的大小为 1020*400 像素，完成渐变天空的绘制，如图 2-3 所示。

图 2-2 "天空"渐变色设置　　　　　　　　图 2-3 天空效果

3．绘制太阳。单击"插入→新建元件"命令，新建一个元件，命名为"太阳"，类型选择"影片剪辑"。打开"颜色"面板，设置填充颜色为"径向渐变"，设置 4 个渐变色分别为#FFF3A4、#FFF76E、#FFD535、#FEB100，如图 2-4 所示。选择"椭圆工具"，设置笔触颜色为无，按住【Shift】键绘制一个正圆，选择"颜料桶工具"，在圆内单击以调整高光的位置，完成太阳的绘制，如图 2-5 所示。

图 2-4 "太阳"渐变色设置　　　　　　　　图 2-5 太阳效果

4．绘制山脉。单击"插入→新建元件"命令，新建一个元件，命名为"山脉"，类型选择"影片剪辑"。打开"颜色"面板，设置填充颜色为"线性渐变"，设置 3 个渐变色分别为#ABBD45、#798B41、#175B40，如图 2-6 所示。选择"椭圆工具"，设置笔触颜色为无，绘制一个椭圆，选择"颜料桶工具"，调整渐变方向，选择"选择工具"，框选椭圆下半部分，按【Delete】键删除，使用"选择工具"、"部分选择工具"，放置椭圆边缘处拖曳调整山脉外形，如图 2-7 所示。

5．绘制树。单击"插入→新建元件"命令，新建一个元件，命名为"树"，类型选择"图形"。选择"椭圆工具"，按下"对象绘制"按键，设置笔触颜色为无，填充颜色为#81922E，绘制一个椭圆，选择"选择工具"，将鼠标放置在椭圆上方边缘处，待鼠标变为 ↖ 时向上拖曳，绘制树冠。选择"椭圆工具"，设置笔触颜色为无，填充颜色为#A66545，绘制一个椭圆，选择"选择工具"，将鼠标放置在椭圆上方边缘处，待鼠标变为 ⬏ 时向上拖曳，绘制树干。调整树冠与树干的大小和位置，选中树干与树冠，按组合键【Ctrl+G】将其组合成一个对象，如图 2-8 所示。

图 2-6　"山脉"渐变色设置

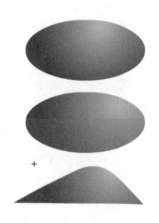

图 2-7　山脉效果

6．绘制大地。单击"插入→新建元件"命令，新建一个元件，命名为"大地"，类型选择"图形"。打开"颜色"面板，设置填充颜色为"径向渐变"，设置 2 个渐变色分别为 #DEE499、#566F1E。选择"矩形工具"，设置笔触颜色为无，绘制一个矩形，选择"颜料桶工具"，在绘制的矩形内由内向外拖曳，设置矩形的大小为 1020*120 像素，完成大地的绘制，如图 2-9 所示。

图 2-8　树效果

图 2-9　大地效果

7．导入云层、道路。单击"文件→导入→打开外部库"命令，从相应路径下找到"日落.fla"，单击"打开"按钮，弹出"外部库"对话框，找到"云层"、"道路"，拖曳至库中。

8．回到场景中，将图层 1 命名为"天空"，将"天空"元件放置至舞台之中，新建图层，命名为"太阳"，将"太阳"元件放置至适当位置，打开"属性"面板，为"太阳"元件添加滤镜，如图 2-10 所示。

9．新建图层命名为"云层"，将"云层"元件放置至舞台之中，新建图层，命名为"山脉"，将"山脉"元件放置至适当位置，打开"属性"面板，为"山脉"元件添加滤镜，如图 2-11 所示。按组合键【Ctrl+D】复制多个山脉，调整其大小和位置。

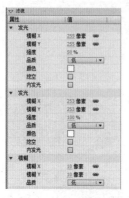

图 2-10　太阳滤镜设置

图 2-11　山脉滤镜设置

10.新建图层命名为"大地"，将"大地"元件放置至舞台之中，新建图层，命名为"树"，将"树"元件放置至适当位置，按组合键【Ctrl+D】复制多棵树，调整其大小和位置，新建图层命名为"道路"，将"道路"元件放置至舞台之中，最终效果如图 2-12 所示。

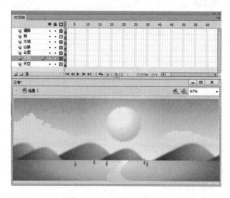

图 2-12　图层顺序

11.按组合键【Ctrl+S】保存文件，然后按按组合键【Ctrl+Enter】测试影片，播放效果如图 2-1 所示。

2.1　矢量图与位图

计算机以矢量图形或位图格式显示图形，矢量图与位图是 Flash 中非常重要的两个概念，了解这两种格式的差别有助于我们更有效地工作。使用 Flash 可以创建压缩矢量图形并将它们制作为动画，也可以导入和处理在其他应用程序中创建的矢量图形和位图图像。

1. 位图

位图图像（bitmap），亦称为点阵图像或绘制图像，是由称作像素（图片元素）的单个点组成的。这些点可以进行不同的排列和染色以构成图样。当放大位图时，可以看见赖以构成整个图像的无数单个方块。扩大位图尺寸的效果是增大单个像素，从而使线条和形状显得参差不齐，且会产生锯齿。然而，如果从稍远的位置观看它，位图图像的颜色和形状又显得是连续的。常用的位图处理软件是 Photoshop。

位图具有固定的分辨率，也就是说位图按照原始的大小来显示或打印效果最好，扩大或缩小都会造成图形失真。

2. 矢量图

矢量图（vectorgraph），也称为面向对象的图像或绘图图像，是一种抽象化的图形，是对图像依据某个标准进行分析而产生的结果，它不直接描述图像上的每一个点，而是描述产生这些点的过程和方法。Flash 创建的几何形体都是用矢量图来表现的，包括线条、椭圆、矩形与多边形等。在编辑矢量图形时，可以修改描述图形形状的线条和曲线属性，也可以对矢量图形进行移动、调整大小、重定形状及更改颜色的操作，而不更改其外观品质。

将矢量图放大后，图形仍能保持原来的清晰度，且色彩不失真。

2.2 线条工具

线条工具用于绘制直线。用鼠标单击工具栏中的"线条工具"按钮＼或按【N】键，即可调出该工具。

1. 设置线条工具＼属性

选择"线条工具"后，在"属性"面板中可以设置线条的颜色、大小、笔触样式以及端点和接合样式等，如图 2-13 所示。

"线条工具"属性面板中各个选项的含义如下：

- "笔触颜色" ✏️ ■：设置笔触的颜色。注：无法为线条工具设置填充颜色。
- "笔触高度"：拖动"笔触"右侧的滑块，可以自由设定线条的宽度，也可在滑块左侧文本框中直接输入数值确定线条的宽度。
- "样式"：单击"样式"右侧的下拉列表框，可以从弹出的下拉选单中选择自己所需要的线条样式，如图 2-14 所示。单击编辑笔触样式按钮 ✏️，弹出"笔触样式"对话框，如图 2-15 所示，Flash 中有"实线"、"虚线"、"点状线"、"锯齿线"、"点刻线"、"斑马线"六种笔触样式，可以选择某一类型，对其分别进行属性设置，如图 2-15 所示。

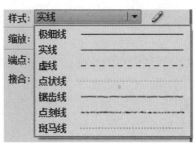
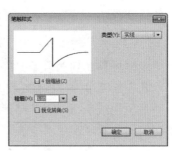

图 2-13 "线条工具"属性面板　　　图 2-14 线条样式　　　图 2-15 笔触样式

① 实线：最适合于在 Web 上使用的线型。此线型可以通过"粗细"和"锐化转角"两项来设定。

② 虚线：带有均匀间隔的实线。短线和间隔的长度是可以调整的。

③ 点状线：绘制的直线由间隔相等的点组成。与虚线有些相似，但只有点的间隔距离可调整。

④ 锯齿线：绘制的直线由间隔相等的粗糙短线构成。它的粗糙程度可以通过图案、波高和波长3个选项来进行调整。

⑤ 点刻线：绘制的直线可用来模拟艺术家手刻的效果。点刻的品质可通过点大小、点变化和密度来调整。

⑥ 斑马线：绘制复杂的阴影线，可以精确模拟艺术家手绘的阴影线，产生无数种阴影效果，这可能是 Flash 绘图工具中复杂性最高的操作，它的参数有：粗细、间隔、微动、旋转、曲线和长度。

- "缩放"：决定对象在被缩放时线条的缩放状态。选项有"一般"、"水平"、"垂直"和"无"，以此来决定线条随着哪个方向上的缩放比例进行缩放。
- "端点"选项 ▱：设定路径起点和终点的样式，有"无"、"圆角"和"方型"三种选项，如图2-16所示。绘制时，可以在绘制线条之前设置好线条属性，也可以在绘制完成后重新修改线条的属性。
- "接合"选项 ⌒：指的是在线段的转折处也就是拐角的地方，线段以何种方式呈现拐角形状。有"尖角"、"圆角"和"斜角"3方式可供选择，效果如图2-17所示。当选择接合为"尖角"的时候，右侧的尖角限制文本框会变为可用状态，在这里可以指定尖角限制数值的大小，数值越大，尖角就越趋于尖锐，数值越小，尖角会被逐渐削平。

a)"无" b)"圆角" c)"方型"

图2-16 端点类型

a)"尖角" b)"圆角" c)"斜角"

图2-17 接合类型

单击"工具"面板的"选项"部分中的"对象绘制"按钮 ◨，以选择合并绘制模式或对象绘制模式。按下"对象绘制"按钮时，线条工具处于对象绘制模式。

2. 线条工具的操作方法

将鼠标移动到舞台上，接着按住鼠标左键并拖动，最后松开鼠标，一条直线就绘制好了。若在绘制过程中按住【Shift】键，可将直线的方向锁定在45°方向上。

在使用线条工具时，常选择不同的笔触类型，来绘制出各式各样的线条，如图 2-18 所示的图形就是使用"线条工具"绘制的。

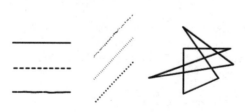

直线　　　　斜45°直线　　　闭合直线

图2-18 通过线条工具绘制的图形

2.3 图形工具

在默认情况下，Flash 工具栏中只显示"矩形工具" ▢，在工具栏中单击"矩形工具"并按住鼠标不放，便会弹出图形工具下拉工具列表。该列表包含了 5 个常用工具，分别为"矩形工具" ▢、"椭圆工具" ◯、"基本矩形工具" ▢、"基本椭圆工具" ◯ 和"多角星形工具" ◯。这些工具主要用于绘制一些基本几何图形，如圆形、长方形、扇形、星形和多边形等。

1. 矩形工具▢

矩形工具用于绘制矩形、正方形、圆角矩形、圆角正方形等图形。在工具栏中选择"矩形工具" ▢或按【R】键，即可调用该工具。

(1) 设置矩形工具属性

"矩形工具"的属性面板如图 2-19 所示。在矩形工具属性面板中，笔触颜色、笔触高度、笔触样式、端点、接合等参数跟线条工具属性面板中的相应选项含义是相同的。此外，"填充颜色"用来设置所画图形的填充色；面板下方的矩形边角半径参数常用于绘制圆角矩形时进行设置。

(2) 矩形工具的操作方法

● 绘制矩形

选定矩形工具后，将鼠标指针置于舞台中，就会变为"十"字形状，单击并拖动鼠标即可从单击处为起点绘制一个矩形，按住【Alt】键不放，可以以单击处为中心进行绘制。

● 绘制正方形

使用矩形工具绘制时，按住【Shift】键不放可以绘制正方形；若同时按下【Shift+Alt】组合键，则可以单击处为中心绘制正方形。

● 绘制圆角矩形

可以在矩形工具属性面板中对"矩形边角半径"等参数进行相关设置，以绘制出圆角矩形等需要的图形。当"矩形边角半径"处于锁定状态时，只设置一个边角半径的参数，则所有边角半径的参数都会随之进行调整，同时也可以通过移动右侧滑块的位置统一调整矩形边角半径的参数值；当"矩形边角半径"处于解锁状态时，不能再通过拖动右侧滑块来调整矩形边角半径的参数，但是还可以对矩形的 4 个边角半径的参数值分别进行设置，如图 2-20 所示的图形就是在不同的矩形边角半径下绘制出来的。

图 2-19　矩形工具属性面板

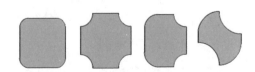

图 2-20　不同矩形边角半径绘制的图形效果

需要注意的是：要想使用矩形工具绘制圆角矩形，必须在绘制之前进行圆角的设置。若要在使用基本矩形工具拖动时更改角半径，请按向上箭头键或向下箭头键。当圆角达到所需圆度时，松开键。

2. 基本矩形工具▢

基本矩形工具常用于绘制圆角矩形。在矩形工具组的下拉工具列表中选择"基本矩形工具"▢或按【R】键，即可调用该工具。多次按【R】键可以在"矩形工具"和"基本矩形工具"之间进行切换。

"基本矩形工具"的属性面板与"矩形工具"的属性面板相同，各个参数的含义也一样，可参照图 2-19 所示的"矩形工具"属性面板进行学习。

使用"基本矩形工具"绘制矩形的方法和"矩形工具"相同，只是在绘制完毕后矩形的四个角上会出现四个圆形的控制点，使用"选择工具"拖动控制点可以调整矩形的圆角半径。

3. 椭圆工具◯

椭圆工具用于绘制椭圆、正圆等图形。在图形工具的下拉工具列表中选择"椭圆工具"◯或按【O】键，即可调用该工具。

(1) 设置椭圆工具属性

"椭圆工具"对应的属性面板和"矩形工具"类似，选择椭圆工具后可在属性面板中进行相关设置，包括开始角度、结束角度、内径及闭合路径等参数，如图 2-21 所示。

"椭圆工具"属性面板中的选项含义如下：

开始角度 ⓪▼：表示椭圆开始的角度，常用于绘制扇形。

结束角度 ⓪▼：表示椭圆结束的角度，常用于绘制扇形。

内径 ⓪▼：表示绘制的椭圆内径，常用于绘制圆环。

☑闭合路径：在设定了起始角度与结束角度后，当前面的复选框勾选时，绘制的是闭合的路径图形，反之会绘制曲线条。

(2) 椭圆工具的操作方法

● 绘制基本椭圆

绘制椭圆的方法和绘制矩形的方法类似，选择"椭圆工具"后，将鼠标指针移至舞台，单击左键并拖动鼠标即可绘制出一个椭圆，若绘制时按住【Alt】键不放，则可以单击处为圆心进行绘制。

● 绘制正圆

若在绘制时按住【Shift】键不放，可以绘制出一个正圆；若绘制同时按住【Alt+Shift】组合键不放，则可以单击处为圆心绘制正圆。

● 绘制扇形、圆环

在绘制椭圆时，如果我们设定了开始角度与结束角度值，可以绘制扇形效果；如果设定了内径值，可以绘制圆环效果，如图 2-22 所示。

4. 基本椭圆工具◯

基本椭圆工具常用于绘制扇形、圆环等。在图形工具的下拉工具列表中选择"基本椭圆工具"◯或按【O】键，即可调用该工具。多次按【O】键可以在"椭圆工具"和"基本椭圆工具"之间进行切换。

基本椭圆工具的属性面板与椭圆工具的相同，各个参数的含义也一样，可参照图2-21所示的椭圆工具属性面板进行学习。

使用"基本椭圆工具"绘制椭圆的方法和"椭圆工具"相同，只是在绘制完毕后，椭圆上多出四个圆形的控制点，使用"选择工具"拖动控制点可以对椭圆的开始角度、结束角度和内径分别进行调整。

图 2-21　"椭圆工具"属性面板

图 2-22　椭圆工具绘制的各类图形

5. 多角星形工具 ⬡

"多角星形工具"用来绘制规则的多边形和星形。在图形工具的下拉工具列表中选择"多角星形工具" ⬡，即可调用该工具。

(1) 设置多角星形工具属性

"多角星形工具"的属性面板与"线性工具"的属性面板相似，如图2-23所示。在使用该工具前，需要对其属性进行相关设置，单击"选项"按钮，弹出"工具设置"对话框，如图2-25所示，对参数进行设置，以绘制出需要的形状。

- 样式：用于设置绘制图形的样式，有多边形和星形两种类型可供选择。
- 边数：用于设置绘制的多边形或星形的边数。
- 星形顶点大小：用于设置星形顶角的锐化程度，数值越大，星形顶角越圆滑；反之，星形顶角越尖锐。该参数的取值范围为 0~1，值越大顶点的角度就越大，值越小顶点的角度就越小。当输入的值超过其取值范围时，系统自动会以 0 或 1 来取代超出的数值。

(2) 多角星形工具的操作方法

- 绘制多边形

下面通过绘制一个六边形为例来说明使用"多角星形工具"绘制多边形的操作方法。

操作步骤

① 在工具栏中选择"多角星形工具"，打开"属性"面板，设置"笔触颜色"为黑色（#000000），"填充颜色"为红色（#FF0000），"笔触高度"为 2；如图2-24所示。

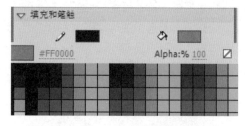

图 2-23 "多角星形工具"属性面板　　　　图 2-24 设定笔触及填充色

② 单击"选项"按钮，弹出"工具设置"对话框，在"样式"下拉列表框中选择"多边形"选项，在"边数"数值框中输入 6，"星形顶点大小"设置为 0.5，单击"确定"按钮，如图 2-25 所示。

③ 将鼠标指针移至舞台中，当鼠标指针变为十字形状，单击左键并拖动可绘制出一个规则的六边形，如图 2-26 所示。

图 2-25 "工具设置"对话框　　　　图 2-26 六边形

● 绘制星形

绘制星形的方法与绘制多边形是一致的，不同的是在绘制星形前应在"工具设置"对话框中的"样式"下拉列框中选择"星形"，如图 2-27 所示。

如图 2-28 所示的星形就是在"星形顶点大小"的值分别是 0、0.5、1 时绘制出来的。

图 2-27 "工具设置"对话框　　　　图 2-28 星形

2.4　任意变形工具

使用"任意变形工具"可以对选中的一个或多个对象进行各种变形操作，如旋转、缩放、倾斜、扭曲和封套等。单击工具栏中的"任意变形工具"或按【Q】键，即可调用该工具。

1. 任意变形工具的功能按钮

"任意变形工具"选项区中有四个按钮，如图2-29所示。

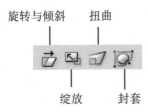

旋转与倾斜　　扭曲

绽放　　封套

图2-29　"任意变形工具"功能按钮

- "旋转与倾斜"按钮 ：单击该按钮只能对图形进行旋转和倾斜操作，在进行倾斜操作时，鼠标指针应位于控制点上，而非控制线上。
- "扭曲"按钮 ：单击该按钮后，只能对图形进行扭曲操作，用来增强图形的透视效果。
- "缩放"按钮 ：单击该按钮后，只能对图形进行缩放操作。将鼠标指针移至四角的控制点上，当其变为双向箭头时按住鼠标左键并拖动，可以等比例缩放图形。
- "封套"按钮 ：单击该按钮后，图形四周出现许多控制点，用于对图形进行复杂的变形操作。

2. 任意变形工具的操作方法

在使用任意变形工具时有两种选择模式：一种是先选择对象，然后再选择工具栏里的"任意变形工具" 变形；另一种是先选取工具栏中的"任意变形工具"，然后再选择对象进行变形，使用时可根据实际需要进行操作。

使用任意变形工具操作时，可灵活使用选项区中的功能按钮，实现对应的变形效果。

① "旋转与倾斜"及"缩放"命令可以对所有的图形对象来操作，变形效果如图2-30所示。

图2-30　缩放、旋转、倾斜效果

② "扭曲"与"封套"命令只能针对矢量图形进行操作，变形效果如图2-31所示。需要注意的是：

- "任意变形"工具不能变形元件、位图、视频对象、声音、渐变或文本。如果多项选区包含以上任意一项，则只能扭曲形状对象。要将文本块变形，首先要将字符转换成形状对象。

● 对物体进行变形操作，除了可以使用变形工具外，还可以使用变形面板进行变形操作。

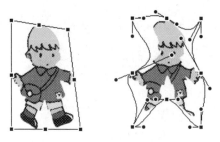

图 2-31　扭曲与封套效果

案例❸ 窗外美景——Deco 工具填充效果

案例描述

使用工具栏中的 Deco 工具，绘制如图 2-32 所示的窗外景色填充效果。

图 2-32　窗外美景填充效果

案例分析

● 通过使用工具栏中的 Deco 工具，完成复杂图形的绘制。
● 该案例主要练习 Deco 工具中藤蔓式填充工具、建筑物刷子工具、树刷子工具、花刷子工具的使用技巧。

操作步骤

1. 新建 Flash 文档，按组合键【Ctrl+S】打开 "另存为" 对话框，选择保存路径，输入文件名"窗外美景"，然后单击"确定"按钮，回到工作区。

2．选择工具栏中的"Deco 工具" ✏️，在"属性"面板的"绘制效果"栏中选择"藤蔓式填充"，如图 2-33 所示。

3．移动鼠标指针至舞台中，单击鼠标左键，Deco 工具将自动在舞台上填充藤蔓效果，如图 2-34 所示。

图 2-33　选择"藤蔓式填充"

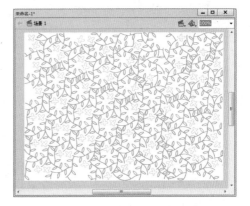

图 2-34　填充藤蔓效果

4．返回"属性"面板，在"绘制效果"栏中选择"建筑物刷子"，在"高级选项"栏中选择"摩天大楼 1"选项，将"建筑物大小"的值设置为"10"，如图 2-35 所示。

5．移动鼠标指针至舞台右侧底部，按住鼠标左键不放并向上拖动，Deco 工具将会自动在鼠标拖动的轨迹上填充建筑物的图形，当鼠标拖动至舞台顶部时，释放鼠标，完成建筑物的添加，如图 2-36 所示。

图 2-35　设置填充效果

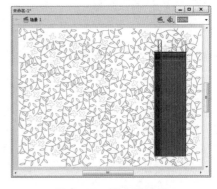

图 2-36　填充建筑物

6．返回"属性"面板，在"绘制效果"栏中选择"树刷子"，在"高级选项"栏中选择"杨树"选项。使用与填充建筑物相同的方法，在场景中填充树木。在"树刷子"的"高级选项"栏下设置了很多树的种类，选择几种不同种类的树在场景中进行填充。

7．填充完树后，返回"属性"面板，在"绘制效果"栏中选择"花刷子"，在"高级选项"栏下选择不同种类的花进行填充，最终完成窗外美景的绘制。

8．按组合键【Ctrl+S】保存文件，然后按组合键【Ctrl+Enter】测试影片，播放效果如图 2-32 所示。

2.5　Deco 工具

图 2-37　绘制效果

Deco 工具 是 Flash 中一种类似"喷涂刷"的填充工具，使用 Deco 工具可以快速完成大量相同元素的绘制，也可以将创建的图形形状转变为复杂的几个图案，还可以将库中创建的影片剪辑或图形元件填充到应用的图形中，从而创建类似万花筒的效果。

选中 Deco 工具时，可以通过"绘制效果"下拉菜单从十三种效果中作出选择：藤蔓式填充、网格填充、对称刷子、3D 刷子、建筑物刷子、装饰性刷子、火焰动画、火焰刷子、花刷子、闪电刷子、粒子系统、烟动画、树刷子，如图 2-37 所示。

Deco 工具最出色的功能是可以替换每个绘制效果的默认形状，将其更换为库中的自定义元件。此外，各种绘制效果的高级选项允许对绘制效果进行进一步的定义，丰富每种图案的绘制效果。

Deco 工具基本工作流程为：在工具栏中单击 Deco 工具，选择某一绘制效果，如图 2-37 所示，然后单击舞台开始绘制图案。

1.　藤蔓式填充

要使用藤蔓式填充，需先选择 Deco 工具，然后在"绘制效果"的下拉菜单中选择"藤蔓式填充"选项。单击拾色器，为树叶和花各选择一种颜色，然后单击舞台任意位置，藤蔓图案将填充到单击区域，直至延伸至舞台边界，如图 2-38 所示。若单击舞台中的某个形状，藤蔓图案将仅填充至形状区域，不会延伸至舞台边界，如图 2-39 所示。

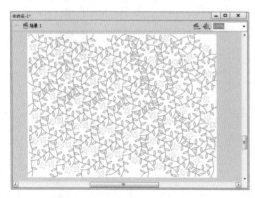

图 2-38　默认的藤蔓式填充效果

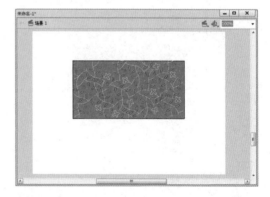

图 2-39　藤蔓式填充至形状效果

若要绘制自定义图案，先绘制完成自定义树叶、花元件，绘制完成后，单击树叶、花右侧的"编辑"按钮，弹出"选择元件"对话框，如图 2-40 所示，选择元件，单击"确定"按钮，设置完成后单击舞台任意位置，即可绘制自定义图案，如图 2-41 所示。

2.　网格填充

网格填充可以把基本图形元素进行复制，并有序地排列到整个舞台上，产生类似壁纸的效果。使用网格填充，可以用库中的元件填充舞台、元件或封闭区域。将网格填充绘制到舞台后，如果移动填充元件或调整其大小，则网格填充将随之移动或调整大小。

图 2-40　"选择元件"对话框

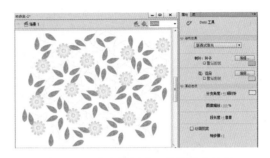

图 2-41　自定义树叶、花朵填充效果

使用网格填充可创建棋盘图案、平铺背景或用自定义图案填充的区域或形状。对称效果的默认元件是 25×25 像素、无笔触的黑色矩形形状。具体属性如图 2-42 所示。

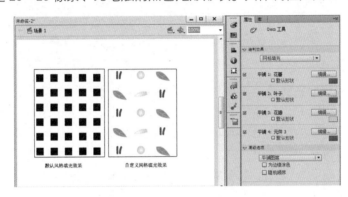

图 2-42　网格填充属性

网格填充的布局有三种：平铺图案、砖形图案、楼层模式。平铺图案以简单的网格模式排列元件，砖形图案以水平偏移网格模式排列元件，楼层模式以水平和垂直偏移网格模式排列元件。

- 要使填充与包含的元件、形状或舞台的边缘重叠，请选择"为边缘涂色"选项。
- 要允许元件在网格内随机分布，请选择"随机顺序"选项。
- 可以指定填充形状的水平间距、垂直间距和缩放比例。应用网格填充效果后，将无法更改属性检查器中的高级选项以改变填充图案。
- 单击舞台，或者在要显示网格填充图案的形状或元件内单击。

3.　对称刷子

使用对称刷子，可以围绕中心点对称排列元件。在舞台上绘制元件时，将显示一组手柄。可以使用手柄通过增加元件数、添加对称内容或者编辑和修改效果的方式来控制对称效果。

使用对称刷子可以创建圆形用户界面元素（如模拟钟面或刻度盘仪表）和旋涡图案。对称刷子效果的默认元件是 25×25 像素、无笔触的黑色矩形形状。具体属性如图 2-43 所示。

- 跨线反射：跨指定的不可见线条等距离翻转形状。
- 跨点反射：围绕指定的固定点等距离放置两个形状。

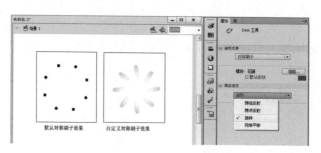

图 2-43　对称刷子属性

- 旋转：围绕指定的固定点旋转对称中的形状。默认参考点是对称的中心点。若要围绕对象的中心点旋转对象，请按圆形轨迹进行拖动。
- 网格平移：使用按对称效果绘制的形状创建网格。每次在舞台上单击 Deco 绘画工具都会创建形状网格。可使用由对称刷子手柄定义的 x 和 y 坐标调整这些形状的高度和宽度。
- 测试冲突：不管如何增加对称效果内的实例数，可防止绘制的对称效果中的形状相互冲突。取消选择此选项后，会将对称效果中的形状重叠。

4. 3D 刷子

通过 3D 刷子，可以在舞台上对某个元件的多个实例涂色，使其具有 3D 透视效果。Flash 通过在舞台顶部（背景）附近缩小元件，并在舞台底部（前景）附近放大元件来创建 3D 透视。接近舞台底部绘制的元件位于接近舞台顶部的元件之上，不管它们的绘制顺序如何。绘制的图案中可以包括 1 到 4 个元件。舞台上显示的每个元件实例都位于其自己的组中。可以直接在舞台上或者形状或元件内部涂色。如果在形状内部首先单击 3D 刷子，则 3D 刷子仅在形状内部处于活动状态。具体属性如图 2-44 所示。

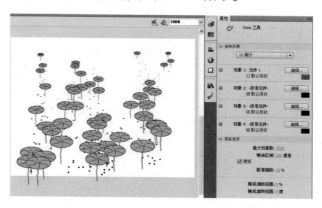

图 2-44　3D 刷子绘制满塘荷叶效果

3D 刷子效果包含下列属性。

- 最大对象数：要涂色的对象的最大数目。
- 喷涂区域：实例涂色的光标的最大距离。
- 透视：这会切换 3D 效果。要为大小一致的实例涂色，请取消选中此选项。
- 距离缩放：此属性确定 3D 透视效果的量。增加此值会增大由向上或向下移动光标而引起的缩放。

5. 建筑物刷子

借助建筑物刷子，可以在舞台上绘制建筑物。建筑物的外观取决于为建筑物属性选择的值。使用鼠标单击建筑物底部的位置，垂直向上拖动光标，达到希望得到建筑物所具有的高度为止。

建筑物刷子包含下列属性：如图 2-45 所示。

- 建筑物类型：要创建的建筑样式。
- 建筑物大小：建筑物的宽度，值越大，创建的建筑物越宽。

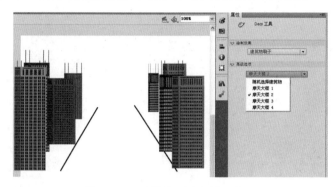

图 2-45　建筑物刷子属性及效果

6. 花刷子

借助花刷子，可以在时间轴的当前帧中绘制程式化的花。

花刷子包含下列属性：如图 2-46 所示。

- 花色：花的颜色。
- 花大小：花的宽度和高度。值越大，创建的花越大。
- 树叶颜色：叶子的颜色。
- 树叶大小：叶子的宽度和高度。值越大，创建的叶子越大。
- 果实颜色：果实的颜色。
- 分支选择：此选项可绘制花和叶子之外的分支。
- 分支颜色：分支的颜色。

图 2-46　花刷子属性及效果

7. 树刷子

通过树刷子，可以快速创建树状插图。

通过鼠标拖动操作创建大型分支。通过将光标停留在一个位置创建较小的分支。Flash 创建的分支将包含在舞台上的组中。

树刷子包含下列属性：如图 2-47 所示。

- 树样式：要创建的树的种类。每个树样式都以实际的树种为基础。
- 树比例：树的大小。值必须在 75~100。值越大，创建的树越大。
- 分支颜色：树干的颜色。
- 树叶颜色：叶子的颜色。
- 花/果实颜色：花和果实的颜色。

图 2-47　树刷子属性及效果

案例④　勤劳的小蜜蜂——图形选择与修饰

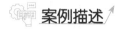 案例描述

使用工具栏中的相关工具，绘制如图 2-48 所示的勤劳的小蜜蜂效果。

图 2-48　"勤劳的小蜜蜂"图形效果

案例分析

- 通过使用工具栏中的选择工具、钢笔工具及颜料桶工具等，完成复杂图形的绘制。

● 该案例主要练习动物轮廓等图形对象的绘制，以及创建复杂线条及对图形进行精确修饰的技巧。

操作步骤

1. 新建 Flash 文档，按组合键【Ctrl+S】打开"另存为"对话框，选择保存路径，输入文件名"勤劳的小蜜蜂"，然后单击"确定"按钮，回到工作区。

2. 将图层 1 命名为"脸"。在工具栏中选择"椭圆工具"，设置笔触颜色为无，填充颜色为黑色，按下对象绘制按钮，在舞台中按住【Shift】键绘制一个正圆。用同样的方法，分别绘制填充色为白色和黄色的两个正圆，调整三个正圆的位置，如图 2-49 所示。

3. 在工具栏中选择"椭圆工具"，绘制蜜蜂的眼睛，如图 2-50 所示。

4. 在工具栏中选择"直线工具"，设置笔触大小为 1，绘制蜜蜂的嘴巴，如图 2-51 所示。选择"选择工具"，对直线进行调整，如图 2-52 所示。

图 2-49　脸部轮廓　　图 2-50　绘制眼睛　　图 2-51　绘制直线　　图 2-52　绘制嘴巴

5. 在工具栏中选择"钢笔工具"，设置笔触颜色为黑色，笔触大小为 1，绘制如图 2-53 所示轮廓，并填充黑色。选择该填充图形，按下【Alt】键拖动复制该图形，将其填充色改为橘黄色#FF8812，使用"任意变形工具"调整其大小、位置，如图 2-54 所示。

6. 重复步骤 5 的操作，完成小蜜蜂头部的绘制，如图 2-55 所示 。

图 2-53　绘制图形　　　图 2-54　调整后的效果　　　图 2-55　头部效果

7. 新建图层，命名为"触角"。在工具栏中选择"钢笔工具"，设置笔触颜色为黑色，笔触大小为 1，在舞台中绘制蜜蜂触角轮廓，并填充黑色。在工具栏中选择"椭圆工具"，设置笔触颜色为无，填充颜色为白色，绘制触角中的椭圆图形，将其拖曳至合适位置，如图 2-56 所示。

8. 使用"选择工具"，按住【Shift】键选择触角和绘制的椭圆图形，按组合键【Ctrl+D】复制触角，在菜单中选择"修改→变形→水平翻转"命令，调整其大小、位置，如图 2-57 所示。

9. 新建图层，命名为"身体"。在工具栏中选择"钢笔工具"，设置笔触颜色为黑色，笔触大小为 1，绘制如图 2-58 所示轮廓，并填充黑色。按组合键【Ctrl+D】复制身体，将其填充色改为黄色#FDF21C，使用"任意变形工具"调整其大小、位置，如图 2-59 所示。

图 2-56　绘制左侧触角　　　　　　　　　　　　图 2-57　绘制右侧触角

10．新建图层，命名为"尾巴"。重复步骤 9 的操作，完成小蜜蜂尾巴的绘制，选择"钢笔工具"，绘制尾巴上的条纹，并填充橘黄色#FF8812，如图 2-60 所示。

11．新建图层，命名为"手"。重复步骤 5 的操作，完成小蜜蜂手的绘制，如图 2-61 所示。

图 2-58　绘制身体轮廓　　图 2-59　绘制身体　　图 2-60　绘制尾巴　　图 2-61　绘制手

12．新建图层，命名为"翅膀"。将该图层移到最底层，在工具栏中选择"钢笔工具"，设置笔触颜色为黑色，笔触大小为 1，绘制如图 2-62 所示轮廓，并填充黑色。按组合键【Ctrl+D】复制 2 个新图形，分别将其填充色改为白色#FFFFFF、黄色#FDF21C，使用"任意变形工具"调整其大小、位置，如图 2-63 所示。

13．使用同样的方法绘制其他翅膀图形，如图 2-64 所示。

图 2-62　绘制翅膀轮廓　　　　图 2-63　绘制翅膀　　　　图 2-64　小蜜蜂

14．按组合键【Ctrl+S】保存文件，然后按组合键【Ctrl+Enter】测试影片，播放效果如图 2-48 所示。

2.6　铅笔工具和刷子工具

1．铅笔工具 ✎

铅笔工具可以用来绘制线条和形状，其使用方法与真实铅笔的使用情况大体相同。它的自由度非常大，适合习惯使用手写板进行创作的人员。单击工具栏中的"铅笔工具" ✎ 或按【Y】键，即可调用该工具。

（1）设置铅笔工具属性

"铅笔工具"对应的属性面板和"线条工具"类似，铅笔工具的属性设置包括：笔触颜色、笔触高度、笔触样式、平滑等参数，如图 2-65 所示，其中，平滑参数用于设置笔触的平滑程度。

（2）铅笔工具的操作方法

铅笔工具的使用方法是：在工具栏中选择铅笔工具，将鼠标指针移至舞台，待其变为  形状时，按住鼠标拖动可绘制线条。注意在绘制之前，应选择合适的铅笔模式。

"铅笔工具"有三种模式：伸直、平滑、墨水，如图 2-66

图 2-65　铅笔工具属性面板

所示，在不同的模式下，所绘制线条的效果是不一样的，它们的对比效果如图 2-67 所示，下面对这三种模式进行说明。

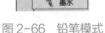

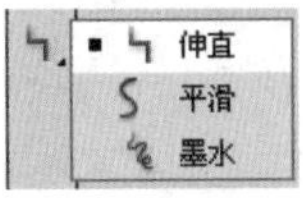

图 2-66　铅笔模式

图 2-67　通过"伸直、平滑、墨水模式"绘制的效果

- 伸直：铅笔工具中功能最强的一种模式，可以对所绘制的线条进行自动校正。将绘制的近似直线取直，降低线条的平滑度，并且可将三角形、椭圆和矩形相近的形状转化为对应的基本图形。
- 平滑：绘制平滑的曲线，减少由于抖动产生的误差。
- 墨水：对绘制的线条不进行任何加工，即鼠标所经过的实际轨迹。

041

2．刷子工具

刷子工具可以在画面上绘制出具有一定笔触效果的特殊填充，就好像在涂色一样。选择工具栏中的"刷子工具" 或按【B】键，即可调用该工具。

（1）设置刷子工具属性

在使用刷子工具之前，需要对其属性进行相关设置，如图 2-68 所示，主要是调整颜色和平滑度，"刷子工具"颜色是指填充颜色，使用它绘制出来的图形是没有笔触颜色的。

（2）刷子工具的操作方法

刷子工具的使用方法与铅笔工具相似，将鼠标指针移至舞台，按住鼠标左键拖动可进行绘制。注意在绘制之前，应选择合适的刷子模式。

单击选项区中的"刷子模式"按钮，在弹出的下拉列表中包含了"标准绘画"、"颜料填充"、"后面绘画"、"颜料选择"和"内部绘画"五种模式。

- 标准绘画：笔刷的默认设置，笔刷经过的地方，线条和填充全部被笔刷填充所覆盖。
- 颜料填充：笔刷只将鼠标经过的填充进行覆盖，对线条不起作用。
- 后面绘画：笔刷不覆盖鼠标经过的矢量图形，只在同层舞台的空白区域涂色。
- 颜料选择：笔刷只能对当前被选择的矢量图形起作用。
- 内部绘画：笔刷对鼠标单击的闭合填充区域起作用，不会对其他区域起作用，这对于上色操作非常有用。若起始点在空白区域，则只能在这块空白区域内上色；

若起始点在图形内部，则只能在覆盖图形内部部分。

选择不同的刷子模式可以绘制出不同的图形效果，比如设定当前填充色为红色：#CC0000，定义合适的刷子形状与大小，对一幅带有黑色描边的矢量图进行各类刷子模式的绘制，对比效果如图 2-69 所示。

图 2-68　"刷子工具"属性面板

图 2-69　各类刷子模式效果

3. 喷涂刷工具

在工具栏中单击刷子工具 右下角的小三角按钮，或是按住刷子工具不放，将打开扩展工具栏，即可找到喷涂刷工具。喷涂刷工具的作用类似于粒子喷射器，使用它可以一次将形状图案"刷"到舞台上。选择工具栏中的"喷涂刷工具" 或按【B】键，可调用该工具。

（1）设置喷涂刷工具属性

在使用喷涂刷工具之前，需要对其属性进行相关设置，如图 2-70 所示，"喷涂刷工具"的属性面板上由元件和画笔组成。默认情况下，喷涂刷使用当前选定的填充颜色喷射粒子点。但是，可以使用喷涂刷工具将影片剪辑或图形元件作为图案应用。

（2）喷涂刷工具的操作方法

喷涂刷工具的使用方法与刷子工具相似，将鼠标指针移至舞台，按住鼠标拖动可进行绘制。在默认情况下"喷涂刷工具"的喷涂是"默认形状"，即使用当前选定的填充颜色的粒子点，此外喷涂也可以选择已有的"图形元件"或"影片剪辑元件"。单击"编辑"按钮，弹出"选择元件"对话框，选择需要喷涂的元件，单击"确定"按钮，在舞台中进行绘制，如图 2-71 所示。

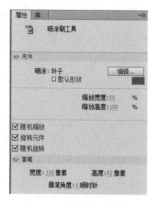

图 2-70　喷涂刷工具属性

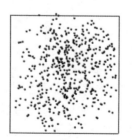

图 2-71　喷涂刷工具应用效果

2.7 选择工具和部分选取工具

1. 选择工具

选择工具是 Flash 中使用频率最高的工具，它的主要功能是选择对象、移动对象、编辑线条、平滑/伸直对象等，如图 2-72 所示。

| 普通状态 | 选择对象 | 移动对象 | 编辑线条 | 平滑对象 |

图 2-72 选择工具功能

（1）选择工具功能按钮

"选择工具"无对应的属性面板，只有三个功能按钮，分别为"贴紧至对象"、"平滑"、"伸直"按钮，如图 2-73 所示，各功能按钮的作用如下。

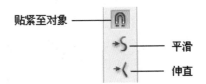

图 2-73 选择工具功能按钮

- 贴紧至对象：当其呈按下状态时，绘制和移动对象会自动和最近的风格交叉点或对象的中心重合，可对对象进行自动捕捉，起到辅助的作用。
- 平滑：可以使线条或填充的边缘接近于弧线。用"选择工具"选择图形后，多次单击"平滑"按钮，可以使图形接近于圆形。
- 伸直：可以使线条或填充的边缘接近于折线。用"选择工具"选择图形后，多次单击"伸直"按钮，弧线变成了折线。

（2）选择工具的操作方法

① 选择对象

- 绘制一个图形后，在工具栏中选择"选择工具"，单击图形对象的边缘部位，即可选择图形的一条边；双击图形对象的边缘部位，可以选中该对象的所有边。
- 在工具栏中选择"选择工具"，单击图形对象填充部位，可以选择图形的填充部分；双击图形对象填充部位，可以同时选择图形的线条和填充；在舞台的空白处单击鼠标可以取消选择。
- 在工具栏中选择"选择工具"，在工作区中单击并拖曳，覆盖需要选择的图形对象后，释放鼠标即可选中图形对象。此方法可以同时选中多个对象，若要选择舞台中的全部对象，可以执行 "编辑→全选"菜单命令或按组合键【Ctrl+A】。
- 在工具栏中选择"选择工具"，按住【Shift】键的同时逐个单击对象，可以同时选中多个对象，若再次单击已选中的对象，即可取消对该对象的选取。

此外，若所选的对象为文本、群组、元件或位图等，使用"选择工具"直接单击该对象即可将其全部选择。选择上述类型的对象后，其四周都会出现一个外边框，通过这些外

此外，若所选的对象为文本、群组、元件或位图等，使用"选择工具"直接单击该对象即可将其全部选择。选择上述类型的对象后，其四周都会出现一个外边框，通过这些外边框，可以很轻松地知道所选对象的类型，如图 2-74 所示。

文本　　　　　　群组　　　　　元件实例　　　　位图

图 2-74　选定不同对象的外边框

② 移动对象

- 在工具栏中选择"选择工具"，选中一个或多个对象，将鼠标指针移动至对象上，按住鼠标左键并拖动鼠标，移动到目标位置释放鼠标即可。
- 在工具栏中选择"选择工具"，选中一个或多个对象，按键盘上的上下左右方向键，分别可以向上、向下、向左、向右移动。按一下方向键，对象移动一个像素，若按下【Shift】键的同时按方向键移动对象，按一下方向键可移动 8 个像素。

需要注意的是，当移动两个叠加在一起的图形中的其中一部分时，移动后，原本被覆盖的一部分会被剪掉，如图 2-75 所示，而当移动两个叠加在一起的对象绘制模式下的图形中的其中一部分时，移动后，原本被覆盖的部分不变，如图 2-76 所示。

 　　　　　　　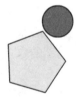

图 2-75　移动重叠图形效果　　　　　　　　图 2-76　移动重叠元件效果

③ 复制对象

在工具栏中选择"选择工具"，按住【Ctrl】键的时单击并拖动对象，到目标位置后释放鼠标，然后释放【Ctrl】键即可。

④ 变形对象

选择"选择工具"，在没有选择图形的情况下，将鼠标指针移至图形的边角上时，指针变成形状，这时单击鼠标并拖曳，即可实现对象边角的变形操作；将鼠标指针移至图形的边效果上时，指针变成形状，这时单击鼠标并拖曳，即可实现对象边线的变形操作，如图 2-77 所示。

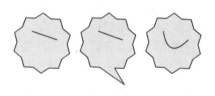

图 2-77　变形图形效果

2. 部分选取工具

部分选取工具除了可以像选择工具那样选取并移动对象外，主要用于对图形对象进行变形处理，当一图形对象被部分选取工具选中后，它可以使对象以锚点的形式进行显示，然后通过移动锚点或方向线来修改图形的形状，如图 2-78 所示。选择工具栏中的"部分

普通状态　　　　选择边框　　　　编辑节点　　　　移动边框

图 2-78　部分选取工具功能效果

2.8　钢笔工具

钢笔工具又叫贝塞尔曲线工具，是许多绘图软件广泛使用的一种重要工具，可以对绘制的图形具进行非常精确的控制，对绘制的节点、节点的方向点等都可以很好地控制，因此钢笔工具适合喜欢精准绘制的设计人员。选择工具栏中的"钢笔工具" 或按【P】键即可调用该工具。

1. 设置钢笔工具属性

选择"钢笔工具"，展开"钢笔工具"的属性面板，如图 2-79 所示，可以设置笔触高度、笔触颜色及笔触样式等参数。

2. 设置钢笔工具首选参数

按组合键【Ctrl+U】，弹出"首选参数"对话框，在"类别"列表框中选择"绘画"选项，这时在其右侧显示了有关"钢笔工具"的三个参数，如图 2-80 所示，下面对其作简要说明。

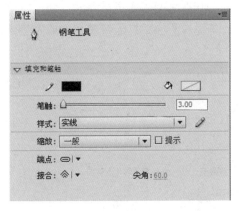

图 2-79　"钢笔工具"属性面板

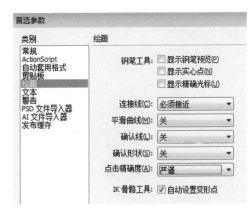

图 2-80　"首选参数"对话框

- 显示钢笔预览：选中该复选框，在使用"钢笔工具"时，就会提前预览到线段的位置，未选中该选项，则没有预览显示。
- 显示实心点：若选中该复选框，则未选择的锚点显示为实心点，选择的锚点显示为空心点。
- 显示精确光标：选中该复选框后，则鼠标指针显示为 形状；取消选中该复选框，

- 显示精确光标：选中该复选框后，则鼠标指针显示为 ✕ 形状；取消选中该复选框，鼠标指针显示为 ⬥ₓ 形状。

3. 钢笔工具的操作方法

（1）用钢笔工具绘制线条

使用钢笔工具可以绘制出非常复杂的线条效果，如果在舞台上的各个地方单击，那么各个单击点将会依次连接，形成一条折线，如图 2-81 所示；如果将"单击"改成"按住鼠标左键拖动"，即可以创建曲线，如图 2-82 所示，按【Esc】键结束绘制。

图 2-81　创建折线

图 2-82　创建曲线

在按住鼠标左键进行拖动时，开始拖动的位置将形成"控制点"，像一个钉子一样将曲线钉住，不管以后怎么调整，曲线一定会经过这个点；拖动之后就会出现"控制柄"，它决定了曲线的走向，如图 2-83 所示。释放鼠标后，若要再次调整"控制柄"的方向，可按住【Ctrl】键进行调整，此外，按住【Alt】键可以调整单一方向的"控制柄"。

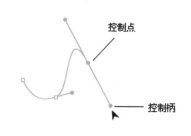

图 2-83　对曲线的分析

（2）编辑路径节点

钢笔工具除了具有绘制图形的能力外，还可以进行路径节点的编辑操作，如图 2-84 所示；同时，使用钢笔工具创建的线条还可以使用"部分选取工具" ▶ 进行调整，两种工具配合使用，能够创建出复杂、丰富的图形效果。

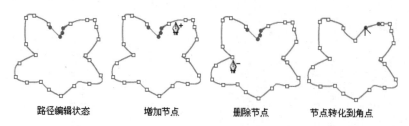

路径编辑状态　　增加节点　　删除节点　　节点转化到角点

图 2-84　路径节点的编辑

（3）添加、删除、转换锚点

添加锚点可以更好地控制路径，也可以扩展开放路径。但是，点越少的路径越容易编辑、显示和打印。因此，最好不要添加不必要的锚点，从而降低路径的复杂性。

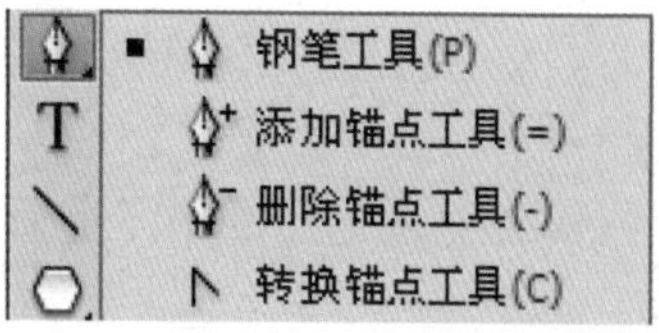

工具栏提供了三种锚点编辑工具：添加锚点工具、删除锚点工具和转换锚点工具，如图 2-85 所示。在对锚点进

图 2-85　添加或删除点的工具

行编辑时，先使用部分选择工具选中需要编辑的线条，使其处于编辑状态。

当需要添加或删除锚点时，直接选择相应的锚点编辑工具在线条锚点上单击，即可完成锚点的添加或删除。转换锚点工具可将编辑对象中的平滑点转换为转角点，也可以反过来操作。选择转换锚点工具，单击锚点，即可将平滑点转换为转角点；在转角点处按住鼠标左键拖曳，即可将转角点转换为平滑点。

特别说明：不要使用【Delete】【Backspace】和【Clear】键，或者"编辑→剪切"或"编辑→清除"命令来删除锚点；这些键和命令会删除点以及与之相连的线段。

2.9 套索工具

套索工具和 Photoshop 的套索工具功能相似。在 Flash 中，套索工具有三种模式：套索工具模式、多边形模式及魔术棒模式。对于矢量图形，可以使用套索工具模式或者多边形模式进行选择；对于打散的位图，除了可以使用套索工具模式和多边形模式外，还可以使用魔术棒模式。

1. 套索工具模式

使用套索工具模式选取图形时，首先调用"套索工具"，此时舞台中的鼠标指针变成了形状，按住鼠标左键并拖动，即可选中图形的某一区域，该区域是沿鼠标轨迹绘制而成的不规则的平滑区域。

2. 多边形模式

选择"套索工具"后，在其选项区中单击"多边形模式"按钮，使其呈按下状态即可切换到多边形模式，然后在舞台上通过单击绘制选区即可，该区域是将各个顶点之间用直线连接起来所绘制的直边选择区域。

3. 魔术棒模式

魔术棒模式一般用于选择位图中相邻及相近的像素颜色。在使用时，首先单击"魔术棒"按钮，使其呈按下状态，然后将鼠标指针移至分离的位图上，鼠标指针会变成魔术棒的形状，单击后即可选中与单击位置颜色相同或相近的区域。

使用魔术棒模式选取时，还可以使用"魔术棒设置"对话框进行设置，如图 2-86 所示。

"魔术棒设置"对话框中各个选项的含义如下。

图 2-86 "魔术棒设置"对话框

- 阈值：在该数值框中输入数值，可以定义选择范围内相邻或相近像素颜色值的相近程度，数值越大，选择的范围就越大。
- 平滑：该下拉列表框用于设置选择区域的边缘平滑程度。

2.10 变形面板与对齐面板

1. 变形面板

除了"任意变形工具"，还可以使用"变形"面板来变形对象。使用该面板可以对选定对象进行更加精确的缩放、旋转、倾斜和创建副本的操作。

执行"窗口→变形"菜单命令或按组合键【Ctrl+T】，打开"变形"面板，如图 2-87 所示。

（1）缩放对象

缩放对象时可以沿水平方向、垂直方向或同时沿两个方向放大或缩小对象。首先选择舞台上的一个或多个图形对象，然后打开"变形"面板，在面板中设置"缩放高度"和"缩放宽度"参数，默认为按等比例缩放对象，如图 2-88 所示，若断开"约束"按钮，则在改变对象形状时可不等比例缩放对象，如图 2-89 所示。

图 2-87 "变形"面板

图 2-88 等比例缩放

图 2-89 不等比例缩放

图 2-90 旋转 45° 效果

（2）精确旋转对象

旋转对象时该对象会围绕其变形点旋转，变形点与注册点对齐，默认位于对象的中心。使用"任意变形工具"选中调整对象，通过鼠标拖动可以移动该点，确定旋转中心后，打开"变形"面板，通过设置旋转角度完成精确旋转。如图 2-90 所示，是将变形点设置为调整对象正下方，旋转 45° 的效果图。此外，执行"修改→变形→顺时针旋转 90 度或逆时针旋转 90 度"命令，可以进行顺时针或逆时针的旋转。

- "重制选区和变形"按钮：设置完变形点、旋转角度后，单击该按钮，如图 2-87 所示，可以旋转复制选中的对象，如图 2-91 所示。

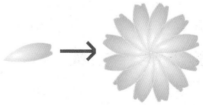

图 2-91 重制选区和变形效果

● "重置"按钮 □⊔：单击该按钮，可以使选中的对象恢复到变形前一步的状态。

（3）倾斜、翻转对象

变形面板中的"倾斜"选框提供了两种倾斜对象的方式，✎表示以底边为准来倾斜对象，◣表示以左边为准来倾斜对象。分别运用两种方式使对象倾斜 45° 的效果如图 2-92 所示。

 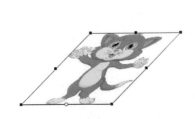 

原图　　　　　　　　　边为准倾斜 45° 效果图　　　　　以左边为准倾斜 45° 效果图

图 2-92　对选定对象进行倾斜操作的前后对比效果

（4）3D 旋转

3D 旋转可以产生 3D 立体旋转的效果，此功能要配合补间动画一起使用，该功能在模块四进行具体讲解。

2. 对齐面板

若要将舞台上的多个对象有规律地对齐、分布或匹配大小，可以使用"对齐"面板来实现。选中需要调整的多个对象，执行"窗口→对齐"菜单命令或按组合键【Ctrl+K】，即可打开"对齐"面板，如图 2-93 所示。该面板分为对齐、分布、匹配大小、间隔和与舞台对齐 5 个区域，各组按钮的作用如下：

图 2-93　"对齐"面板

● 对齐：将对象在垂直方向上分别向左、居中、向右对齐 ▤▤▤，在水平方向上分别向上、居中、底部对齐 ▀▀▄。图 2-94 所示为在垂直方向上左对齐的前后对比效果。

原图　　　　　　　　左对齐　　　　　　相对于舞台左对齐

图 2-94　垂直左对齐的前后对比效果

● 分布：将对象在垂直方向上按顶部、居中、底部进行等距分布 ▤▤▤，在水平方向上按左侧、居中、右侧进行等距分布 ▐▐▐，图 2-95 所示为水平居中分布的前后对比效果。

原图　　　　　　水平居中分布　　　相对于舞台水平居中分布

图 2-95　水平居中分布的前后对比效果

- 匹配大小 ：以最大的对象为匹配标准，对其他对象进行宽度和高度的调整，即对其他对象进行水平缩放、垂直缩放或等比例缩放，图 2—96 所示为匹配宽度和高度的效果。

原图　　　　　　　匹配宽度　　　　　　匹配高度

图 2-96　匹配宽度和高度的效果

- 间隔 ：对多个对象的间隔距离在垂直或水平方向自动调整，图 2-97 所示为分别设置水平和垂直平均间隔的效果。

原图　　　　　　垂直平均间隔　　　相对于舞台水平平均间隔

图 2-97　设置水平和垂直平均间隔的效果

- 与舞台对齐：可以调整选定对象相对于舞台尺寸的对齐方式和分布；如果没有选中该复选框，则是两个以上对象之间的相互对齐和分布。

2.11　对象的组合与合并

1. 组合对象

将多个元素组合成一个对象后，可以像操作一个对象一样操作这个组，不仅方便选择和移动，还可以对组进行复制、缩放和旋转等操作。组合后不用再单独地处理每一项，从而简化操作步骤。

（1）组合和取消组合对象

选择要组合的对象（可以是形状、其他组、元件、文本等），通过以下两种方法进行组合：

- 命令：执行"修改→组合"菜单命令。
- 快捷键：【Ctrl+G】。

组合对象的前后对比效果如图 2-98 所示。

图 2-98　"组合"对象的前后对比效果

"取消组合"命令可以将组合的对象分开，并将组合的元素返回到组合之前的状态。"取消组合"的方法有两种。

- 命令：执行"修改→取消组合"菜单命令。
- 快捷键：【Ctrl+Shift+G】。

(2) 编辑组或组中的对象

当需要调整组合图形内的子对象时，选择要编辑的组，执行"编辑→编辑所选项目"菜单命令，或用"选择工具"双击该组，此时，时间轴顶部会出现一个名为"组"的图标 ，表明已进入组对象编辑状态，可对组中的任意子对象进行编辑。这时，页面上不属于该组的部分都将变暗，表明不属于该组的元素是不可访问的。

(3) 分离组合对象

"分离"命令可以将组、实例和位图分离为单独的可编辑元素。选择对象，使用以下两种方法执行"分离"。

- 命令：执行"修改→分离"菜单命令。
- 快捷键：按组合键【Ctrl+B】。

图 2-99（1）所示为取消组合后的效果，图 2-99（2）所示为分离后的效果，虽然"分离"会极大地减小导入图形的文件大小，但分离操作不是完全可逆的，它会对对象产生如下影响：

- 切断元件实例到其主元件的链接；
- 放弃动画元件中除当前帧之外的所有帧；
- 将位图转换成填充；
- 在应用于文本块时，会将每个字符放入单独的文本块中；
- 应用于单个文本字符时，会将字符转换成轮廓。

（1）取消组合对象　　　　　　　　　　　　　　（2）分离对象

图 2-99 取消组合对象和分离对象的对比效果

051

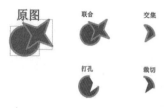

图 2-100　合并对象效果

2. 合并对象

若要通过合并或改变现有对象来创建新形状，可以执行菜单"修改→合并对象"中相应的命令。在一些情况下，所选对象的层叠顺序决定了操作的工作方式，合并效果如图 2-100 所示。

（1）联合

该命令可以将两个或多个形状合并成单个形状。将生成一个"对象绘制"模型形状，它由联合前形状上所有可见的部分组成，形状上不可见的重叠部分被删除。

需要注意的是，与使用"组合"命令不同的是，使用"联合"命令合成的形状将无法分离。

（2）交集

该命令能够创建两个或多个对象的交集，生成的"对象绘制"形状由合并的形状的重叠部分组成。形状上任何不重叠的部分被删除，生成的形状使用堆叠中最上面的形状的填充和笔触。

（3）打孔

该命令将删除被最上面的对象覆盖在下面的所选对象的交叠部分，并完全删除最上面的形状。

（4）裁切

使用一个对象的形状裁切另一个对象。最上面的对象定义裁切区域的形状，保留与最上面的形状重叠的任何下层形状部分，而删除下层形状的非重叠部分，并完全删除最上面的形状。

说明：只有在"对象绘制"模式下绘制的图形，才能进行交集、打孔和裁切合并对象的操作。打孔和裁切生成的形状保持为独立的对象，不会合并为单个对象（不同于可合并多个对象的"联合"命令）。

案例⑤　荷塘月色——对图形进行着色

案例描述

使用基本绘图工具及颜色填充工具，创建如图 2-101 所示荷塘月色的效果。

案例分析

图 2-101　"荷塘月色"图形效果

- 通过使用工具栏中的铅笔工具、线条工具、选择工具等完成荷塘月色线形的绘制，通过使用颜料桶工具及颜色面板完成荷塘月色颜色的填充。
- 该案例主要熟悉图形色彩及颜色填充的相关知识。

1．新建 Flash 文档，按组合键【Ctrl+S】打开"另存为"对话框，选择保存路径，输入文件名"荷塘月色"，然后单击"确定"按钮，回到工作区。

2．使用"矩形工具"绘制与舞台同等大小矩形，在舞台内使用"铅笔工具"、"椭圆工具"、"直线工具"等绘制荷塘月色线形图，如图 2-102 所示。

3．选中所有线条，按组合键【Ctrl+B】分离所有线条，如图 2-103 所示。

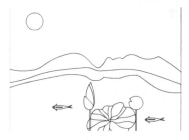

图 2-102　荷塘月色线形图

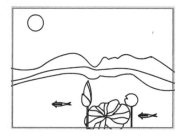

图 2-103　分离线形图

4．选择"颜料桶工具" <img>，在"颜色"面板中选择"线性渐变"选项，设置滑块颜色为"#0012DE"和"#FFE980"，在天空部分拖动鼠标，填充渐变色；设置滑块颜色为"#003300"和"#009900"，在山峰区域拖动鼠标填充山峰颜色；设置滑块颜色为"#001281"和"#007EDB"，在倒影区域拖动鼠标填充倒影颜色；设置滑块颜色为"#000066"和"#007EDB"，在池塘区域拖动鼠标填充池塘颜色。

5．在"颜色"面板中选择"纯色"选项，设置填充颜色为"#FFFF66"，在月亮部分单击鼠标，填充月色，如图 2-104 所示。

6．在"颜色"面板中选择"线性渐变"选项，设置多个滑块颜色，将鱼填充为线性渐变的多彩鱼。

7．设置滑块颜色为"#FFC6A8"和"#CC728A"，在荷花区域拖动鼠标填充荷花颜色；选择"墨水瓶工具"，设置笔触颜色为#FF3333，在荷花边缘单击，更改荷花边缘颜色，如图 2-105 所示。

图 2-104　背景色填充效果图

图 2-105　鱼、荷花填充效果图

8．设置滑块颜色为"#003300"和"#00B63A"，在荷叶和枝干区域拖动鼠标填充荷叶和枝干颜色；选择"墨水瓶工具"，设置笔触颜色为#003300，在荷叶和枝干边缘单击，更改荷叶和枝干边缘颜色，如图 2-106 所示。

9．选择"选择工具"，选中"月亮"笔触，按【Delete】键将其删除。选中月亮，按快捷键

【F8】，弹出"转化为元件"对话框，设置名称为月亮，类型为影片剪辑，单击"确定"按钮。

图 2-106　荷叶填充效果图

10．在舞台中选中月亮元件，打开属性对话框，为月亮添加滤镜，滤镜设置如图 2-10
所示。

11．按组合键【Ctrl+S】保存文件，然后按组合键【Ctrl+Enter】测试影片，播放效
果如图 2-101 所示。

2.12　滴管工具

简单地讲，Flash 中的"滴管工具"就是一个风格提取器，可以吸取线条的笔触颜色、
笔触高度及笔触样式等基本属性，并且可以将其应用于其他图形的笔触。同样，滴管工具
也可以吸取填充的颜色或位图等信息，并将其应用于其他图形的填充。单击工具栏中的"滴
管工具" ✐ 或按【I】键，即可调用该工具。该工具没有与其对应的"属性"面板和功能选
项区，操作方法如下。

调用滴管工具后，将鼠标指针移至目标图形的边缘，待其变为 ✐ 形状时单击鼠标左键，
这时"滴管工具"自动转换为"墨水瓶工具"，鼠标指针变成墨水瓶 🖋 形状；将鼠标指针
移至目标图形的填充区域，待其变为 ✐ 时单击鼠标左键，这时"滴管工具"自动转换为"颜
料桶工具"，鼠标指针变为颜料桶 🖲 形状；当滴管工具位于直线、填充或者画笔描边上方时，
按住【Shift】键，鼠标指针显示为 ✐，此时按下鼠标左键，可以取得被单击对象的属性并
立即改变相应编辑工具的属性，例如墨水瓶、铅笔或者文本工具。滴管工具还允许用户从
位图图像取样用作填充，使用滴管工具单击位图，然后在"颜色"面板中选择"类型"为
"位图"即可。

需要注意的是：在吸取填充属性时，单击鼠标左键后，鼠标指针变为 🖲 形状，说明该
颜料桶处于锁定状态，需要在工具栏的颜料桶选项区中进行解锁。

2.13　墨水瓶工具

墨水瓶工具可以用来改变线条颜色、宽度和类型，还可以为只有填充的图形添加边缘
线条。单击工具栏中的"墨水瓶工具" 🖲 或按【S】键，即可调用该工具。

1．设置墨水瓶工具的属性

"墨水瓶工具"的属性面板与"线条工具"的属性面板相似，如图 2-107 所示。在其面
板中可以进行笔触颜色、笔触高度、笔触类型等相关设置，各参数的含义可参照前面"线
条工具"一节所述。

2. 墨水瓶工具的操作方法

(1) 使用墨水瓶工具修改已有的线条

在"墨水瓶工具"属性面板中设置好相应参数后,将鼠标指针移至舞台上,待其变为 形状时,在图形的边缘处单击鼠标左键,即可修改图形的边缘线条,如图 2-108 所示。

(2) 为填充图形添加线条

在"墨水瓶工具"属性面板中设置好参数后,将鼠标指针移至舞台上,并在图形的内部或边缘处单击鼠标左键,可为其添加线条,如图 2-109 所示。

图 2-107 墨水瓶工具属性面板

图 2-108 修改已有线条

图 2-109 添加线条

2.14 颜料桶工具

填充功能是 Flash 中比较复杂的一个功能,颜料桶工具可以对封闭的区域填充颜色,也可以对已有的填充区域进行修改。单击工具栏中的"颜料桶工具" 或按【K】键,即可调用该工具。

1. 设置颜料桶工具的属性

打开"颜料桶工具"属性面板的操作方法与"墨水瓶工具"相同,但是"颜料桶工具"只有一个"填充按钮"可用,用于修改填充颜色,其他的选项都不可用,如图 2-110 所示。

2. 颜料桶工具的操作方法

将鼠标指针移至舞台中,待其变为 形状时,在图形内部单击鼠标左键,即可为图形填充颜色。如果对带有空隙的图形进行填充,选择颜料桶工具后,单击其选项区中的"空隙大小"下拉按钮,在弹出的下拉菜单中选择不同的选项,可设置对封闭区域或带有缝隙的区域进行填充,如图 2-111 所示。

图 2-110 颜料桶工具属性面板

图 2-111 空隙大小选项

- 不封闭空隙：默认情况下选择的是该选项，表示只能对完全封闭的区域填充颜色。
- 封闭小空隙：表示可以对极小空隙的未封闭区域填充颜色。
- 封闭中等空隙：表示可以对比极小空隙略大的空隙的未封闭区域填充颜色。
- 封闭大空隙：表示可以对有较大空隙的未封闭区域填充颜色。

颜料桶工具可以结合"颜色面板"和"渐变变形工具" ，对图形进行纯色、线性、放射状、位图等形式的填充，形成色彩丰富的填充效果，如图2-112所示。

图2-112 填充效果

2.15 橡皮擦工具

橡皮擦工具就像现实中的橡皮擦一样，用于擦除舞台的矢量图形。单击工具栏中的"橡皮擦工具"按钮 或按【E】键，即可调用该工具。

1. 水龙头功能

水龙头模式用来清除所有与单击区域相连的线条和填充，在进行大范围编辑时经常使用。使用方法是：单击橡皮擦功能区中的"水龙头"按钮，将鼠标指针移至舞台上，待其变为水龙头 形状时，在图形的线条或填充上单击鼠标左键，即可将整个线条或填充删除。

需要注意的是：双击工具栏中的"橡皮擦工具"，可以擦除舞台上所有未锁定的可见对象，包括线条、填充、位图、群组和实例等。

2. 修改橡皮擦的形状

橡皮擦工具没有对应的属性面板，可在橡皮擦的功能选项区中修改橡皮擦的形状与大小。在"橡皮擦形状"下拉菜单中，系统预设了圆形和正方形两种形状，每种形状都有从小到大五种尺寸，如图2-113所示。

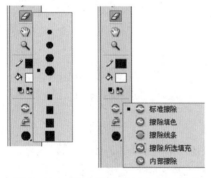

图2-113 橡皮擦的形状大小与模式

3. 橡皮擦模式

单击橡皮擦工具选项区中的"橡皮擦模式"按钮，弹出的下拉菜单中包含了五种橡皮擦模式，分别为"标准擦除"、"擦除填色"、"擦除线条"、"擦除所选填充"和"内部擦除"模式，选择不同的模式擦除图形，会得到不同的效果，如图2-114所示。

- 标准擦除：为默认的模式，可以擦除橡皮擦经过的所有矢量图形。
- 擦除填色：选择该模式后，只擦除图形中的填充部分而保留线条。
- 擦除线条：该模式和"擦除填色"模式的效果相反，保留填充而擦除线条。
- 擦除所选填充：选择该模式后，先选择选区，只擦除选区内的填充部分。
- 内部擦除：选择该模式后，只擦除橡皮擦落点所在的填充部分。

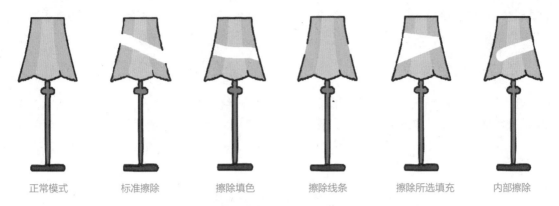

| 正常模式 | 标准擦除 | 擦除填色 | 擦除线条 | 擦除所选填充 | 内部擦除 |

图 2-114　各类擦除模式效果

2.16　辅助工具

1.　手形工具

当舞台的空间不够大或所要编辑的图形对象过大时，可使用手形工具移动舞台将需要编辑的区域显示在舞台中。单击工具栏中的"手形工具"或按【H】键，即可调用该工具，待鼠标指针变为形状，按住鼠标左键即可移动舞台。

2.　缩放工具

"缩放工具"用于对舞台进行放大或缩小控制，单击工具栏中的"缩放工具"或按【M】键和【Z】键，即可调用该工具。调用缩放工具后，在其选项区中有"放大"和"缩小"两个功能按钮，可用于放大和缩小舞台。

3.　笔触颜色和填充颜色

"笔触颜色"按钮和"填充颜色"按钮主要用于设置图形的笔触和填充颜色，单击可打开调色板，从中选择要使用的颜色，并可以调节颜色的透明度，如图 2-115 所示。

若调色板中没有所需要的颜色，可以单击右上角的"颜色拾取"按钮，弹出"颜色"对话框，然后从中编辑所需的颜色，如图 2-116 所示。

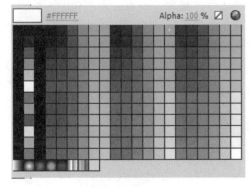

图 2-115　调色板

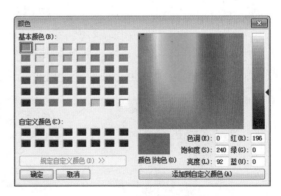

图 2-116　"颜色"对话框

"笔触颜色"和"填充颜色"还常用来对图形的笔触和填充颜色进行修改。

方法是：首先选择要修改的笔触或填充，单击"笔触颜色"和"填充颜色"按钮，在弹出的调色板中选中一种颜色即可。

2.17 颜色面板

除了在工具箱的颜色区和属性面板中设置和修改线条及填充图形的颜色外，还可以使用"颜色面板"编辑纯色和渐变色，设置图形的笔触、填充及透明度等。执行 "窗口→颜色"菜单命令，或使用快捷键【Alt+Shift+F9】打开或关闭"颜色面板"。颜色面板的组成如图 2-117 所示，各选项的功能如下。

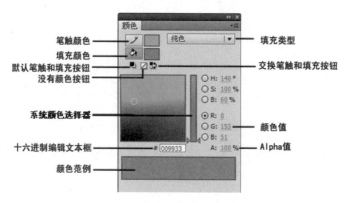

图 2-117　颜色面板组成

- 笔触颜色：设置和更改图形对象的笔触或边框的颜色。
- 填充颜色：设置和更改填充颜色，填充是填充形状的颜色区域。
- 填充类型：设置和更改填充样式：

　　无：删除填充。

　　纯色：提供一种单一的填充颜色。

　　线性渐变：产生一种沿线性轨道混合的渐变。

　　放射状渐变：产生从一个中心焦点出发沿环形轨道向外混合的渐变。

　　位图填充：用可选的位图图像平铺所选的填充区域。选择"位图"时，系统会显示一个对话框，通过该对话框选择本地计算机上的位图图像，并将其添加到库中，也可以将此位图用作填充。您可以将此位图用作填充；其外观类似于形状内填充了重复图像的马赛克图案。

图 2-118 所示为图形分别填充为线性渐变、放射状渐变及位图填充时的对比效果。

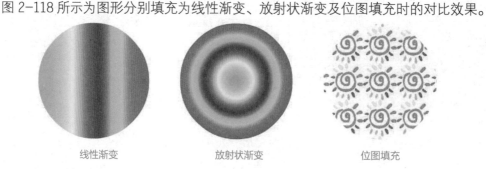

|线性渐变|放射状渐变|位图填充|

图 2-118　填充对比效果

Flash CS6 动画制作案例教程

- RGB：为默认模式，可以显示或更改填充的红、绿和蓝的色密度。
- Alpha：Alpha 可设置实心填充的透明度，或者设置渐变填充的当前所选滑块的透明度。Alpha 值为 0%时创建的填充不可见（即透明）；Alpha 值为 100%时创建的填充不透明。
- 颜色范例：显示当前所选颜色。如果从填充"类型"菜单中选择某个渐变填充样式（线性或放射状），则"颜色范例"将显示所创建的渐变内的颜色过渡。如图 2-119 所示，在渐变条下方的合适位置单击鼠标，可以添加一个色块，将色块拖到下面则删除色块。

图 2-119　添加色块

- 系统颜色选择器：使您能够直观地选择颜色。单击"系统颜色选择器"，然后拖动十字准线指针，直到找到所需颜色。
- 十六进制编辑文本框：文本框中显示以"#"开头的 6 位字母数字组合，是十六进制模式的颜色代码，代表一种颜色。若要使用十六进制值更改颜色，可直接键入一个新的值。
- 溢出类型：能够控制超出渐变限制的颜色。

扩展颜色▐▌：为默认类型，将指定的颜色应用于渐变末端之外。

镜像颜色▐▌：利用反射镜像效果使渐变颜色填充形状。指定的渐变色以下面的模式重复：从渐变的开始到结束，再以相反的顺序从渐变的结束到开始，再从渐变的开始到结束，直到所选形状填充完毕。

重复颜色▐▌：从渐变的开始到结束重复渐变，直到所选形状填充完毕。

图 2-120 所示为背景填充为线性渐变时三种溢出类型的对比效果。

扩展　　　镜像　　　重复

图 2-120　溢出对比效果

2.18　"样本"面板

"样本"面板提供了系统预定的颜色样本，如图 2-121 所示，可以直接在该面板中选择笔触颜色和填充颜色。执行"窗口→样本"菜单命令，或使用快捷键【Ctrl+F9】，即可以打开或关闭"样本"面板。

1. 复制、删除和清除颜色

- 打开"样本"面板，单击右上角的▼▤按钮，弹出的菜单如图 2-122 所示，从面板菜单中选择"直接复制样本"选项，所选颜色的副本即被添加到面板中的颜色样本的后面，如图 2-123 所示。
- "删除样本"选项，将选定的样本从当前面板中删除。
- "清除颜色"选项，从面板中删除黑白两色以外的所有颜色，如图 2-124 所示。

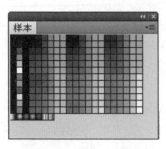
图 2-121　"样本"面板

图 2-122　"样本"面板菜单

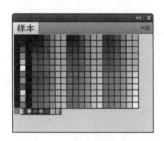
图 2-123　直接复制样本

图 2-124　清除颜色

2．加载和保存默认调色板

修改样本后，可以将当前调色板保存为默认调色板，或用默认调色板替换当前调色板，还可以加载 Web 安全调色板以替换当前调色板。打开"样本"面板右上角的菜单，执行相应命令。

- 加载默认颜色：用默认调色板替换当前调色板。
- 保存为默认值：将当前调色板保存为默认调色板。创建新文件时将使用新的默认调色板。
- Web216 色：加载 Web 安全 216 色调色板。
- 按颜色排序：按照色相对调色板中的颜色进行排序，以便更容易地定位颜色。

3．导入和导出调色板

使用 Flash 颜色设置文件（CLR 文件）可以在 Flash 文件之间导入导出 RGB 颜色和渐变色。使用颜色表文件（ACT 文件）可以导入导出 RGB 调色板，但不能从 ACT 文件导入或导出渐变。可以从 GIF 文件导入调色板，但不能导入渐变。

（1）导入调色板

在"样本"面板中，从右上角的菜单中选择"添加颜色"选项，打开"导入色样"对话框，如图 2-125 所示。选择素材文件"木纹.gif"单击"打开"按钮，导入的颜色附加到当前的调色板中，如图 2-126 所示。

若要用导入的颜色替换当前的调色板，则从菜单中选择"替换颜色"选项，打开"导入色样"对话框，定位到所需文件，单击"打开"按钮。导入的颜色替换当前调色板中的颜色，如图 2-127 所示。

（2）导出调色板

在"样本"面板中，从右上角的菜单中选择"保存颜色"，打开"导出色样"对话框，输入文件名,"另存为类型"选择"Flash 颜色设置"或"颜色表",单击"保存"按钮。

图 2-125 "导入色样"对话框

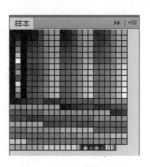
图 2-126 添加颜色

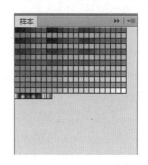
图 2-127 替换颜色

知识拓展

Flash 绘图小技巧

1. 描图法

对于没有美术功底的人来讲,在 Flash 中绘制一些简单的图形还可以,比如家具、建筑等,但绘制人物、动物等复杂图形就有些困难了。但并不是没有办法绘制,描图法就可以轻松解决这个问题。

初学者在绘画时,可以先在 Flash 中导入一张参考图,放在一个图层上,将该层锁定,然后新建一图层,这时候,就可以在新的图层上开始"做"画了,其实是"描"画,可以使用工具栏中的钢笔工具或铅笔工具勾勒出图像的轮廓,然后使用选择工具进行精确地勾拉、修改,最后进行上色,所需的图形就绘制出来了。

描图法对于没有绘图基础的人来讲不失为一个好办法,这里面的关键是要有耐心,多画几次,多描几次,等到自己觉得熟练了,可以尝试放弃描画而改为徒手画,时间久了,绘图基本功就提高了。

2. 覆盖删除法

当多个不同颜色的矢量图形放在一起时,上面的图形会把下面的图形覆盖掉,利用这个原理可以实现很多特殊的绘图效果。如图 2-128 所示,首先绘制了一个黄色的圆球和一个红色的圆球,然后将红球拖放在黄球上面,覆盖住黄球的一部分区域,最后选定红球并删除后,就生成了一个月亮图形。

图 2-128 覆盖法绘制月亮

思考与实训 2

一、填空题

1.能完成选择对象、移动对象、编辑线条、编辑边界节点等主要功能的是_____工具。

2．铅笔工具有_____、_____、_____3种绘画模式。

3．若要更改线条或者图形形状轮廓的笔触颜色、宽度和样式，可使用_____工具。

4．_____工具用于平移当前的画面，_____工具用于对当前场景进行放大或者缩小的操作。

5．在使用刷子工具时，_____笔刷模式只将鼠标经过的填充进行覆盖，对线条不起作用。

6．在使用橡皮擦工具时，选择_____模式，只擦除图形中的填充部分而保留线条模式保留填充而擦除线条。

7．在使用套索工具时，_____模式一般用于选择位图中相邻及相近的像素颜色。

8．使用选择工具复制图形时，应按住_____键并单击拖动对象；使用线条工具时，按住_____键可以绘制特定角度的直线和闭合图形。

9．在任意变形工具选项区中有四个功能按钮，其中_____按钮可以等比例缩放图形，_____按钮可用于对图形进行复杂的变形操作。

10．在钢笔工具组中包括钢笔工具、_____、删除锚点工具和_____四种。

11．在 Flash 中，如果要选取所有图层中的所有对象，那么可以在按住_____键的同时进行选取。

二、上机实训

1．使用学过的工具栏中的工具，绘制如图 2-129 所示的卡通形象。

2．通过学过的基本绘图工具，绘制如图 2-130 所示的机器人形象。

图 2-129　卡通形象

图 2-130　机器人形象

模块 3

•••• **基础动画**

案例⑥ 植物生长——逐帧动画

案例描述

用逐帧动画展现植物生长的过程，如图 3-1 所示。

图 3-1 "植物生长"效果图

案例分析

- 利用序列图片的导入创建逐帧动画。
- 运用"对齐"面板和"编辑多个帧"设置图片的对齐方式、位置及大小，实现植物生长的效果。

操作步骤

1．启动 Flash CS6 后，新建一个 ActionScript 3.0 文档，舞台大小设定为"550x400 像素"。

2．新建一个图层，选择第一帧，执行"文件→导入→导入到舞台"命令，将"植物生长 00001.jpg"导入。此时，会弹出一个对话框，如图 3-2 所示。选择【是】按钮，Flash 会自动把图片序列按顺序以逐帧形式导入舞台，如图 3-3 所示。

3．此时，时间帧区出现连续的关键帧，从左向右拖动播放头，就会看到植物生长的过程，如图 3-4 所示。但是，被导入的动画序列位置尚未处于我们需要的地方，缺省状况下，导入的对象被放在场景坐标"0，0"处，我们需要调整它们的位置和大小。

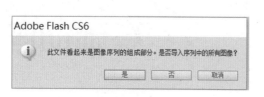

图 3-2　序列图片导入

图 3-3　导入的序列图片形成逐帧动画

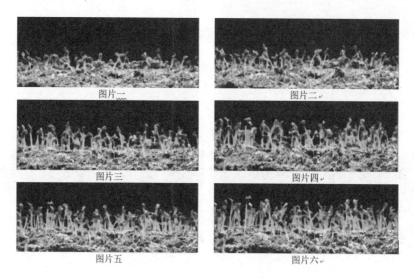

图片一　　　　　　　　　图片二

图片三　　　　　　　　　图片四

图片五　　　　　　　　　图片六

图 3-4　植物生长过程

4．单击时间轴面板下方的"编辑多个帧"按钮🖼，再单击"修改标记"按钮🔲，在弹出的菜单中选择"标记整个范围"选项，如图 3-5 所示。最后执行"编辑→全选"命令，此时时间轴和场景效果如图 3-6 所示。

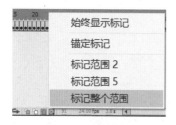

图 3-5　修改标记

图 3-6　全选后的时间轴及场景

5．打开"对齐"面板，选中"与舞台对齐"复选框，设置"对齐"为"水平中齐"，"分布"为"垂直居中分布"，"匹配大小"为"匹配宽和高"，效果如图 3-7 所示。

6．按【Ctrl+Enter】组合键测试影片，即可看到"植物生长"的动画效果，如图 3-8 所示，按【Ctrl+S】组合键保存文件。

图 3-7 对齐面板及效果

图 3-8 植物生长效果图

3.1 时间轴的基本操作

时间轴主要用于对图层和帧进行组织和管理。时间轴的主要组件包括图层，帧和播放头，如图 3-9 所示。

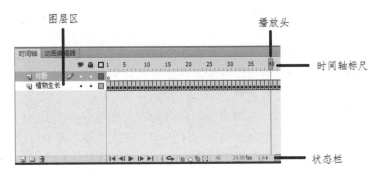

图 3-9 时间轴面板

1. 时间轴的基本操作

（1）更改时间轴中的帧显示

单击时间轴右上角的"帧视图"按钮 ，打开"帧视图"，弹出的菜单如图 3-10 所示。

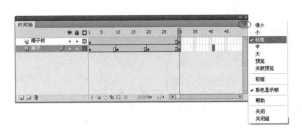

图 3-10 "帧视图"菜单

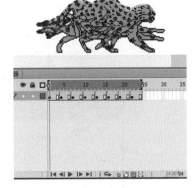

图 3-11 "编辑多个帧"模式下的多帧显示

- "很小"、"小"、"标准"、"中" 或 "大"：更改单元格的宽度。
- "较短"：改变帧单元格行的高度。
- "彩色显示帧"：打开或关闭用彩色显示帧的顺序。
- "预览"：显示每个帧的内容缩略图。
- "关联预览"：显示每个完整帧（包括空白空间）的缩略图。

（2）在舞台上同时查看动画的多个帧

通常情况，在某个时间舞台上仅显示动画序列的一个帧。为便于定位和编辑逐帧动画，可以在舞台上一次查看多个帧，播放头下面的帧彩色不透明显示，而其他帧是暗淡透明显示。

单击绘图纸外观按钮，在"起始绘图纸外观"到"结束绘图纸外观"标记之间的所有帧都被显示出来。

（3）控制绘图纸外观的显示

- 单击"绘图纸外观轮廓"按钮，将具有绘图纸外观的帧显示为轮廓。
- 将"绘图纸外观标记"的指针拖到一个新位置。
- 若要编辑绘图纸外观标记之间的所有帧，单击"编辑多个帧"按钮。从而显示绘图纸外观标记之间的每个帧的内容，并且无论哪个帧为当前帧，都可以进行编辑。如图 3-11 所示。

提示：打开绘图纸外观时，不显示被锁定的图层。为避免出现大量使人感到混乱的图像，可锁定或隐藏不希望对其使用绘图纸外观的图层。

（4）"修改标记"的 5 种形式

单击"修改标记"按钮，在弹出的下拉列表中选择相应的选项，可改变绘图标记。

- 始终显示标记：不管绘图纸外观是否打开，都在时间轴标题中显示绘图纸外观标记。
- 锚定标记：将绘图纸外观标记锁定在时间轴标题中的当前位置。通常情况下，绘图纸外观范围是和当前帧指针以及绘图纸外观标记相关的。通过锚定绘图纸外观标记，可以防止它们随当前帧指针移动。
- 标记范围 2：在当前帧的两边各显示 2 个帧。
- 标记范围 5：在当前帧的两边各显示 5 个帧。
- 标记整个范围：在当前帧的两边显示所有帧。

2. 播放头

播放头是在"时间轴"面板上用于指示动画播放的指针。要转到某帧，可单击该帧在时间轴标题中的位置，或将播放头拖到所需的位置。要使时间轴以当前帧为中心，单击时间轴底部的"帧居中"按钮，如图 3-12 所示。

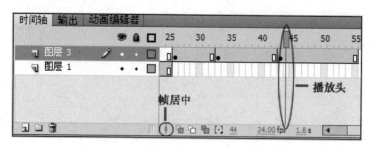

图 3-12　播放头

3. 图层

图层可以帮助组织文档中的插图，可以在图层上绘制和编辑对象，而不会影响其他图层上的对象。在图层上没有内容的舞台区域，可以透过该图层看到下面的图层的内容，有关图层的部分工具和显示状态如图 3-13 所示。

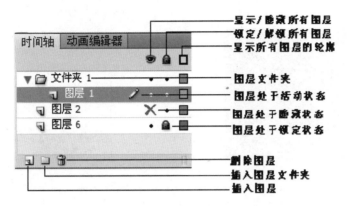

图 3-13　图层的部分工具和显示状态

要绘制、涂色或者对图层或文件夹进行修改，可在时间轴中选择该图层以激活它。时间轴中图层或文件夹名称旁边的铅笔图标表示该图层或文件夹处于活动状态，一次可以选择多个图层，但一次只能有一个图层处于活动状态，另外可以隐藏、锁定或重新排列图层。

（1）创建图层和图层文件夹

创建 Flash 文档后，默认情况下，会自动出现一个"图层 1"。要在文档中插入图片、动画和其他元素，可添加更多的图层。创建图层或文件夹之后，它将出现在所选图层的上方，新添加的图层将成为活动图层。下面讲解创建图层及图层文件夹的几种方法。

- 启动 Flash 后，打开文件"植物生长.fla"。在"时间轴"面板上单击"新建图层"按钮，新建一图层；单击"新建文件夹"按钮，新建一个图层文件夹。
- 执行"插入→时间轴→图层"菜单命令，建立一图层；执行"插入→时间轴→图层文件夹"菜单命令，建立一图层文件夹。
- 右键单击时间轴中的图层名称，从快捷菜单中选择"插入图层"，新建一图层；从快捷菜单中选择"插入文件夹"，新建一图层文件夹。

（2）选择图层

- 单击时间轴中图层的名称。
- 在时间轴中单击要选择的图层的任意一个帧。

（3）重命名图层

- 双击时间轴中图层或文件夹的名称，输入新名称。
- 右键单击图层的名称，从快捷菜单中选择"属性"。在"名称"框中输入新名称，单击"确定"按钮。
- 在时间轴中选择该图层，选择"修改→时间轴→图层属性"。在"名称"框中输入新名称，单击"确定"按钮。

（4）更改图层顺序

单击图层名称，将其拖到相应的位置。

（5）锁定图层

单击图层名称右侧的"锁定"按钮🔒。

（6）将图层中不同的对象分散到图层

在新建的图层中输入"植物生长"4 个字，如图 3-14 所示，鼠标放于文字上单击右键，在弹出的快捷菜单中选择"分散到图层"，4 个字被分散到四个新的图层中，如图 3-15 所示。

图 3-14　植物生长

图 3-15　分散到图层

（7）删除图层

选择"图层 1"，执行下列操作之一可以删除图层：

- 单击时间轴中的"删除图层"按钮🗑。
- 将图层或文件夹拖到"删除图层"按钮。
- 右键单击该图层或文件夹的名称，然后从快捷菜单中选择"删除图层"。

（8）显示或隐藏图层

时间轴中图层或文件夹名称旁边的红色 ✖ 表示图层或文件夹处于隐藏状态。在"发布设置"中，可以选择在发布 SWF 文件时是否包括隐藏图层。

- 单击时间轴中图层名称右侧的"眼睛"列，显示或隐藏该图层。
- 单击眼睛图标，显示或隐藏时间轴中的所有图层。
- 在"眼睛"列中拖动，显示或隐藏多个图层。
- 按住【Alt】键单击图层或文件夹名称右侧的"眼睛"列，显示或隐藏除当前图层以外的所有图层。

（9）以轮廓查看图层上的内容

- 单击图层名称右侧的"轮廓"列，该图层上所有对象显示为轮廓或关闭轮廓显示。
- 单击轮廓图标，所有图层上的对象显示为轮廓，如图 3-16 和图 3-17 所示。
- 按住【Alt】键单击图层名称右侧的"轮廓"列，将除当前图层以外的所有图层上的对象显示为轮廓，或关闭所有图层的轮廓显示。

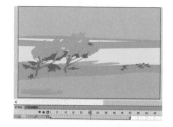

图 3-16　图层上所有对象关闭轮廓显示

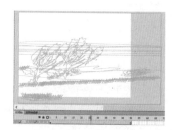

图 3-17　图层上所有对象显示为轮廓

4. 帧

帧是 Flash 动画中最基本的组成单位，可以对帧进行如下操作。

(1) 帧类型

帧分为普通帧、关键帧和空白关键帧三种类型，如图 3-18 所示。

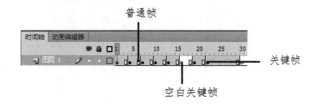

图 3-18　帧的种类

- 关键帧：用实心的圆圈来表示。
- 普通帧：用一个灰色矩形来表示。在关键帧右边浅灰色背景的单元格是普通帧，它的内容与左边关键帧的内容一样，普通帧一般是为了延长帧中动画的播放时间。
- 空白关键帧：用一个空心圆来表示，表示该关键帧中没有任何内容。

(2) 选择帧

Flash 提供两种不同的方法在时间轴中选择帧，基于帧的选择（默认情况）和基于整体范围的选择。若指定"基于整体范围的"选择，可执行"编辑→首选参数"菜单命令，打开"首选参数"对话框，选择"常规"类别，在"时间轴"部分选择"基于整体范围的选择"，单击"确定"按钮。

- 选择一个帧，可单击该帧。如果启用了"基于整体范围的选择"，则单击某个帧会选择两个关键帧之间的整个帧序列。
- 选择多个连续的帧，按住【Shift】键并单击其他帧，或直接拖动鼠标选帧。
- 选择多个不连续的帧，按住【Ctrl】键并单击其他帧。
- 选择时间轴中的所有帧，选择"编辑→时间轴→选择所有帧"。

(3) 插入帧

- 插入新帧，执行 "插入→时间轴→帧"菜单命令，或按【F5】键。
- 创建新关键帧，执行 "插入→时间轴→关键帧"菜单命令，或者右键单击要在其中放置关键帧的帧，然后选择"插入关键帧"，或按【F6】键。
- 创建新的空白关键帧，执行"插入→时间轴→空白关键帧"菜单命令，或者右键单击要在其中放置关键帧的帧，然后从快捷菜单中选择"插入空白关键帧"，或按【F7】键。

(4) 复制或粘贴帧

- 选择帧或序列并选择"编辑→时间轴→复制帧"，选择要替换的帧、序列或空白处，然后选择"编辑→时间轴→粘贴帧"。
- 按住【Alt】键单击并将关键帧拖到要粘贴的位置。

(5) 删除帧

选择帧或序列并选择"编辑→时间轴→删除帧"，或者右键单击帧或序列，从快捷菜单中选择"删除帧"，周围的帧保持不变，图 3-19 为删除帧前后的对比效果。

图 3-19　删除帧前后的对比效果

(6)移动关键帧及其内容

选择要移动的帧,当鼠标下方出现一个矩形框时,可以将关键帧或序列拖到目标位置。

(7)将关键帧转换为帧

选择关键帧并右键单击,从快捷菜单中选择"清除关键帧"。被清除的关键帧以及到下一个关键帧之前的所有帧的舞台内容都将由被清除的关键帧之前的帧的舞台内容所替换。

3.2　创建逐帧动画

逐帧动画是一种常见的动画手法,其原理是在"连续的关键帧"中分解动画动作,即每一帧中的内容不同,连续播放而成动画。由于逐帧动画的帧序列内容不同,不仅增加制作负担而且最终输出的文件量也很大,但逐帧动画的优势也很明显,其与电影播放模式相似,很适合于表现细腻的动画,如 3D 效果、人物或动物急剧转身等效果。

1. 逐帧动画的概念和在时间帧上的表现形式

逐帧动画是指由许多连续的关键帧组成的动画,它适合于每一关键帧中的图像都有所改变、表现细腻的动画。逐帧动画在时间帧上表现为连续出现的关键帧,如图 3-20 所示。

图 3-20　逐帧动画在时间帧上的表现

2. 创建逐帧动画的方法

运用静态图片制作逐帧动画应将图片依次放置在连续的关键帧中。由于各张静态图片只有较细微的差别,一定要设置好对齐方式。如果需要延长各关键帧的播放时间,可以在其后插入普通帧。

(1)用导入的静态图片建立逐帧动画

将 JPG、PNG 等格式的静态图片连续导入 Flash 中,建立一段逐帧动画。

- 新建 Flash 文档,按【Ctrl+S】组合键打开"另存为"对话框,选择保存路径,输入文件名"流水效果",然后单击"确定"按钮,回到工作区。
- 执行"文件→导入→导入到库"菜单命令,弹出"导入到库"对话框,选择"流水 1"到"流水 4"四个文件,单击"打开",将文件导入到"库"面板中,如图 3-21 所示。

● 将图 3-21 所示的"库"面板中的"流水 1.jpg"图像拖曳到舞台的适当位置。打开"对齐"面板,选中"与舞台对齐"复选框,设置"对齐"为"水平中齐","分布"为"垂直居中分布","匹配大小"为"匹配宽和高"。

● 在时间轴中选择"图层 1"中的第 3 帧,单击鼠标右键,在打开的快捷菜单中选择"插入关键帧"。在舞台中的图像上单击右键,在打开的快捷菜单中选择"交换位图",在"交换位图"对话框中选择"流水 2.jpg",如图 3-22 所示。单击"确定"按钮,舞台中的图像"流水 1.jpg"被"流水 2.jpg"替换。

图 3-21 "库"面板   图 3-22 交换位图

● 重复上一步骤,在第 5、7 帧插入关键帧,并将"流水 3.jpg"、"流水 4.jpg"分别导入到舞台的同一位置。

● 按【Ctrl+S】组合键保存文件,按【Ctrl+Enter】组合键测试影片。

(2) 导入 GIF 格式的逐帧动画

导入 GIF 格式图像的方法与导入同一序列的 JPG 格式的图像类似,只是将 GIF 格式的图像导入到舞台,会在舞台上直接生成动画,而将 GIF 格式的图像导入到"库"面板中,则会生成一个由 GIF 格式转化成的剪辑动画。如图 3-23 和图 3-24 所示为两个分别执行"导入到舞台"和"导入到库"命令后对应的时间轴及"库"面板。

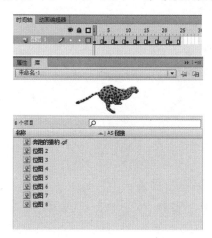 

图 3-23 导入到舞台   图 3-24 导入到库

(3) 绘制矢量图制作逐帧动画

由于每个关键帧处所对应的图形都不同，在绘制不同的图形时，需要先在规定的时间轴上插入空白关键帧，再绘制所对应的图形。如果需要将关键帧转换为空白关键帧，只需要将关键帧处的图形删除即可。

- 新建一个 Flash 文档，舞台大小设定为"100x100"像素。
- 利用"椭圆工具"绘制人的头部，选择"线条工具"将"笔触"设定为"10"，依照第一幅图绘制躯干、手、脚。
- 在第 3、5、7、9、11、13、15 帧处插入空白关键帧，按上一步骤的方法在所对应的空白关键帧处绘制第 2~8 幅图。
- 测试影片，即可实现人物行走的动画效果，如图 3-25 所示。

图 3-25　人物行走效果图

　奥运篆书——补间形状

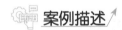 案例描述

制作补间形状动画，实现图 3-26 的变形效果。

图 3-26　奥运篆书变形

案例分析

- 初步认识补间形状的应用对象。
- 会创建补间形状动画。
- 熟悉位图与矢量图的转换。

操作步骤

1．新建一个 Flash 文档，舞台大小设定为"240x240"像素。

2．导入素材图片，执行"文件→导入→导入到库"命令，将"田径"、"拳击"、"射箭"、"羽毛球"、"棒球"五幅图片导入到库

3．将图层名称改为"篆书"，选中第一帧，将"田径"图片拖至舞台，打开"对齐"面板，选中"与舞台对齐"复选框，设置"对齐"为"水平中齐"，"分布"为"垂直居中

分布"，"匹配大小"为"匹配宽和高"，如图 3-27 所示。选中图片，右击，在打开的快捷菜单中选择"分离"命令，如图 3-28 所示。

图 3-27　图片状态

图 3-28　分离状态

4．单击"篆书"图层第 20 帧，右击，在打开的快捷菜单中选择"插入空白关键帧"，将"拳击"图片拖至舞台，打开"对齐"面板，选中"与舞台对齐"复选框，设置"对齐"为"水平中齐"，"分布"为"垂直居中分布"，"匹配大小"为"匹配宽和高"。使之与第 1 帧图片位置、大小完全一致，然后选中图片，进行分离操作。

5．将鼠标置于"篆书"图层第 1 帧到第 20 帧的任意一帧位置上，单击鼠标右键，在打开的快捷菜单中选择"创建补间形状"，20 帧时间轴状态如图 3-29 所示。

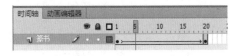

图 3-29　20 帧时间轴状态

图 3-30　25 帧时间轴状态

6．在"篆书"图层第 25 帧处单击鼠标右键，在打开的快捷菜单中选择"插入关键帧"（或按快捷键【F6】），25 帧时间轴状态如图 3-30 所示。

7．选中 45 帧，插入空白关键帧，将"射箭"图片拖至舞台，重复步骤 4 中的操作，选中第 25 到 45 帧中的任意一帧，右击，打开的快捷菜单中选择"创建补间形状"动画，时间轴如图 3-31 所示。

图 3-31　时间轴效果 1

8．在 50 帧处插入关键帧，在 70 帧处插入空白关键帧，将"羽毛球"图片拖至舞台并按步骤 3 调整其大小和位置，选中第 50 至 70 帧中的任意一帧，创建补间形状动画，时间轴如图 3-32 所示。

图 3-32　时间轴效果 2

9．重复步骤 8 分别在 75 帧插入关键帧和 95 帧处插入空白关键帧，创建"羽毛球"到"棒球"的补间形状动画，并在 100 帧处插入帧，最终时间轴效果如图 3-33 所示。

图 3-33　时间轴效果 3

10．新建一图层"名称"，在第1帧处，选择"文本"工具在舞台输入"田径"，其"文本"属性的设置如图 3-34 所示，打开"对齐"面板，选中"与舞台对齐"复选框，设置"对齐"为"水平中齐"，"分布"为"底部分布"，舞台效果如图 3-35 所示。

图 3-34　文本属性面板　　　　　　　　　　　　　图 3-35　舞台效果

11．分别选中"名称"图层的第 20、40、65、85 帧，插入关键帧，并分别输入"拳击"、"射箭"、"羽毛球"、"棒球"，文本属性设置同步骤 10，时间轴最终效果如图 3-36 所示。

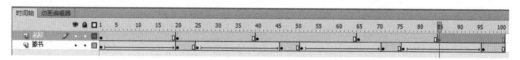

图 3-36　时间轴效果

12．按【Ctrl+s】组合键保存文件，按【Ctrl+Enter】组合键测试影片。

3.3　位图与矢量图

计算机以矢量图或位图格式显示图形。使用 Flash 可以创建压缩矢量图形并将它们制作为动画，可以导入和处理在其他应用程序中创建的矢量图形和位图图形，还可以将导入的位图分离为像素或将位图转换为矢量图。

1.　关于矢量图和位图

矢量图使用直线和曲线（称为矢量）描述图像，这些矢量还包括颜色和位置属性。例如，树叶图像可以由创建树叶轮廓的线条所经过的点来描述。树叶的颜色由轮廓的颜色和轮廓所包围区域的颜色决定。矢量图文件的大小与图形的复杂程度有关，与图形的尺寸和大小无关，所以矢量图的大小不会影响图形的显示效果。图 3-37 是矢量图局部放大后的效果。

位图使用在网格内排列的被称作像素的彩色点来描述图像。例如，树叶的图像由网格中每个像素的特定位置和颜色值来描述。位图文件的大小由图形尺寸和色彩深度决定，所以位图的大小会严重影响图形的显示效果。图 3-38 是位图局部放大后的效果。

在 Flash 中，判断图片是位图还是矢量图的方法为：选取工具箱中的选择工具选中图形，如图 3-39 所示，以点的形式显示的为矢量图形，周围出现一个边框的为位图。

图 3-37　矢量图局部放大后的效果

图 3-38　位图局部放大后的效果

矢量图

位图

图 3-39　判断图片是位图还是矢量图

2. 导入并设置位图属性

执行"导入→导入到舞台"或"导入→导入到库"菜单命令，选择相应的素材图片，即可将位图导入 Flash 中。

选择导入的位图，通过"属性"面板可以显示并改变该位图的像素尺寸以及在舞台上的位置，还可以交换位图实例，即用当前文档中的其他位图的实例替换该实例。

通过"库"面板可以查看已导入的位图并进一步设置位图属性。在"库"面板中选择一个位图，单击"库"面板底部的"属性"按钮 ，弹出"位图属性"对话框，勾选"允许平滑"复选框，可以对导入的位图应用消除锯齿功能，平滑图像的边缘。在压缩下拉列表中选择"无损（PNG/GIF）"选项，单击"测试"按钮，在该对话框的底部可查看压缩后的结果。

3. 将位图应用为填充

若要将位图作为填充应用到图形对象，可使用"颜色"面板中的位图填充，将位图应用为填充时，会平铺该位图以填充对象。

① 在舞台上绘制一个矩形。

② 打开颜色面板，如图 3-40 所示。在"填充类型"下拉列表中选择"位图填充"，打开"导入到库"对话框。

③ 选择文件"位图_小鱼.jpg"，单击"打开"按钮，矩形被位图填充。

④ 使用"渐变变形"工具缩放、旋转并倾斜图像及其位图填充，调整效果如图 3-41 所示。

图 3-40　颜色面板

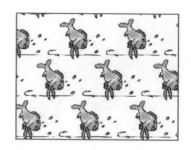

图 3-41　位图填充效果

4.　将位图转换为矢量图形

由于 Flash 是一个基于矢量图形的软件，有些操作针对位图图像是无法实现的，这时，可以通过"转换位图为矢量图"命令将位图转换为具有可编辑的离散颜色区域的矢量图形。转换为矢量图后，图形会以像素化显示，移动图形时图内离散区域的轮廓会随着鼠标移动，移动矢量图与移动位图时的对比效果如图 3-42 和图 3-43 所示。

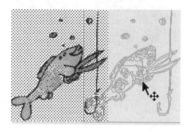

图 3-42　移动矢量图

图 3-43　移动位图

说明：将图像作为矢量图形处理，通常可以减小文件大小。但如果导入的位图包含复杂的形状和许多颜色，则转换后的矢量图形的文件比原始的位图文件大。若要找到文件大小和图像品质之间的平衡点，需要设置"转换位图为矢量图"对话框中的各种参数。

3.4　分离命令

位图导入 Flash 后是作为一个对象存在的，可使用"任意变形"工具对其变形，但是无法对其中的局部进行修改。当需要修改位图时，可使用"分离"命令将位图分离，位图"分离"后会将图像中的像素分散到离散的区域中，分别选中这些区域即可进行编辑。可以使用"套索"工具中的"魔术棒"功能选择已经分离的位图区域。若要使用分离的位图进行涂色，可用滴管工具选择该位图，然后用"颜料桶工具"或其他绘画工具将该位图应用为填充。

1.　分离位图

① 选择需要分离的位图。

② 执行"修改→分离"菜单命令或按【Ctrl+B】组合键。

2.　更改分离位图的填充区域

① 选择套索工具，单击"魔术棒设置"工具 ，打开"魔术棒设置"对话框，如

图 3-44 所示，根据需要设置以下参数。

- 阈值：输入一个 0 到 200 之间的值，用于定义将相邻像素包含在所选区域内必须达到的颜色接近程度，数值越高，包含的颜色范围越广。如果输入 0，则只选择与单击的第一个像素颜色完全相同的像素。
- 平滑：选择一个选项来定义选区边缘的平滑程度。

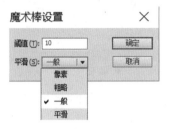

图 3-44　"魔术棒设置"对话框　　　　　　　图 3-45　填充效果

② 单击"魔术棒" 选择一个区域，填充新的颜色，如图 3-45 所示。

③ 使用 Flash 绘画和涂色工具修改位图其他部分。

3. 使用滴管工具应用填充

① 选择"滴管"工具，单击舞台上的分离位图。"滴管"工具会将该位图设置为当前的填充，并将活动工具更改为"颜料桶"工具。

② 执行下列操作之一应用填充。

- 使用颜料桶工具单击现有图形对象，将位图应用为填充。
- 选择椭圆、矩形或钢笔工具画出一个新对象，该对象会将分离的位图作为填充。

图 3-46 所示为应用素材"蛋宝宝.jpg"分离位图后，填充在"风筝"图形上的效果。

图 3-46　将分离的位图作为填充

3.5　补间形状制作

补间动画是创建随时间移动或更改的动画的一种有效方法，运用它可以变幻出各种奇妙的变形效果。由于在补间动画中，仅保存帧之间更改的值，所以能最大限度地减小所生成的文件大小。补间形状，在一个特定时间绘制一个形状，然后在另一个特定时间更改该形状或绘制另一个形状，Flash 会内插二者之间的帧的值或形状来创建动画。

1. 补间形状的特点

（1）组成元素

补间形状只能针对分离的矢量图形，若要使用实例、组或位图图像等，需先分离这些元素。若要对传统文本应用补间形状，需将文本分离两次，将文本转换为对象。若要在一个文档中快速准备用于补间形状的元素，可将对象分散到各个图层中。

（2）在时间轴面板上的表现形式

创建补间形状后，两个关键帧之间的背景变为淡绿色，在起始帧和结束帧之间有一个长长的箭头。如果开始帧与结束帧之间不是箭头而是虚线，说明补间没有成功，原因可能是动画组成元素不符合补间形状规范，或帧缺失。补间形状在时间轴上的表现如图 3-47 所示。

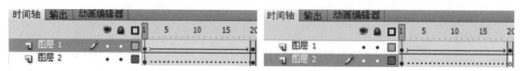

图 3-47　形状补间在时间轴上的表现

2．补间形状的制作方法

（1）准备工作

- 若为多个对象创建补间，使用"分散到图层"命令将每个对象分散到一个独立的图层中，没有选中的对象将保留在它们的原始位置。
- 若使用实例、组、文字或位图图像时，先分离这些元素。

（2）创建补间形状

- 启动 Flash，新建一个 ActionScript 3.0 文档，保存为"变化的数字.fla"。
- 选择 TLF 文本工具，设置文本属性面板如下：系列：Clarendon Blk BT，大小：150点，颜色：黑色。单击"图层 1"第 1 帧，在舞台上输入文本"2"，如图 3-48 所示。
- 在"图层 1"的第 20 帧处单击鼠标右键，在弹出的快捷菜单中选择"插入关键帧"，使用选择工具双击舞台上的文本"2"，将其改为文本"3"，如图 3-49 所示。
- 单击"图层 1"的第 1 帧，选择舞台中的文本"2"，使用组合键【Ctrl+B】将其打散，同样的方法将文本"3"打散，如图 3-50 所示。
- 选择"图层 1"中 1~20 帧范围内的任意帧，单击鼠标右键，选择"创建补间形状"或者选择菜单"插入→补间形状"命令，创建补间形状，时间轴效果如图 3-51 所示。

图 3-48　文本"2"

图 3-49　文本"3"

图 3-50　打散后的文本

图 3-51　时间轴效果

- 按【Ctrl+S】组合键保存文件，按【Ctrl+Enter】组合键测试影片，变形的过程如图 3-52 所示。

图 3-52　变形的过程

3.6　使用形状提示

在创建形状补间的过程中，图形的变化是随机的，有时并不理想。使用形状提示功能可以控制形状变化，使形状变化按照希望的方式进行，动画变形的过程也更加细腻。

1. 形状提示的作用

形状提示功能用于控制复杂的形状变化，它会标识起始形状和结束形状中相对应的点。例如，对花朵设置标记时，可以将标记设置在花朵的周围。这样在形状发生变化时，就不会乱成一团，而是在转换过程中分别变化，如图 3-53 所示。

图 3-53　起始形状和结束形状中的形状提示

形状提示包含字母（从 a 到 z），用于识别起始形状和结束形状中相对应的点，最多可以使用 26 个形状提示。起始关键帧中的形状提示是黄色的，结束关键帧中的形状提示是绿色的，当不在一条曲线上时为红色。

2. 使用形状提示应遵循的准则

① 在复杂的补间形状中，需要创建中间形状然后再进行补间，而不要只定义起始和结束的形状。

② 确保形状提示是符合逻辑的。例如，在一个三角形中使用三个形状提示，则在原始三角形和要补间的三角形中它们的顺序应相同。

③ 按逆时针顺序从形状的左上角开始放置形状提示，补间的效果最好。

3. 使用形状提示的方法

① 打开"变化的数字.fla"，选择补间形状序列中的第一个关键帧。

② 选择"修改→形状→添加形状提示"。起始形状提示在文本"2"的某处显示为一个带有字母 a 的红色圆圈（在计算机中显示），如图 3-54 所示。

③ 将形状提示移动到要标记的点。

④ 选择补间序列中的最后一个关键帧，在这里，结束形状提示显示为一个带有字母 a

的红色圆圈（当在一条曲线上时为绿色），如图 3-55 所示。

图 3-54　起始形状提示　　　　图 3-55　结束形状提示　　　　图 3-56　提示点分布

⑤ 将第 1 帧的起始形状提示 ⓐ 以及第 20 帧的结束形状提示 ⓑ 分别移动到相应的位置。

⑥ 查看形状提示如何更改补间形状，再次播放动画，移动形状提示微调补间。

⑦ 重复这个过程，添加其他的形状提示，提示点分布如图 3-56 所示。

添加形状提示后的播放效果与添加形状提示前相比，动画变形的过程有了很大的改善。

4.　查看所有形状提示

选择"视图→显示形状提示"，仅当包含形状提示的图层和关键帧处于活动状态下时，"显示形状提示"才可用。

5.　删除形状提示

要删除某个形状提示，可将其拖离舞台或单击鼠标右键，在弹出的快捷菜单中选择"删除提示"。要删除所有形状提示，可执行"修改→形状→删除所有提示"菜单命令。

案例 8　秋游快乐行——元件和库

案例描述

使用元件，创建如图 3-57 所示的"秋游快乐行"动画效果，云彩不时从天空飞过并实现"快乐行"效果。

图 3-57　"秋游快乐行"动画效果

案例分析

● 通过创建元件，熟悉元件的类型，体会元件的创建方法及编辑方法。

● 通过调用影片剪辑元件，从而体会元件在动画制作中的作用。

● 通过改变元件实例的"Alpha 值"、"大小"等属性，熟悉元件属性的初步设置。

1. 新建一个 Flash 文档,舞台大小设定为"550x400"像素。

2. 导入素材图片,执行"文件→导入→导入到库" 菜单命令,将"背景.ai"和"文字.swf"素材导入到库。

3. 将"图层 1"重命名为"背景",选中第 1 帧,将"背景"图片拖至舞台,打开"对齐"面板,选中"与舞台对齐"复选框,设置"对齐"为"水平中齐","分布"为"垂直居中分布","匹配大小"为"匹配宽和高"。

4. 新建元件。执行"插入→新建元件"菜单命令或者按组合键【Ctrl+F8】,弹出如图 3-58 所示的"创建新元件"对话框,输入元件名称"云彩",并在"类型"下拉列表中选择"图形",单击"确定"按钮打开元件编辑窗口。

5. 在"云彩"元件编辑窗口,执行"修改→文档"菜单命令,打开"文档设置"对话框,将"背景颜色"设为"黑色",单击"确定"按钮。选择钢笔工具、转换锚点工具及部分选取工具在元件编辑窗口绘制如图 3-59 所示的"云彩"。

图 3-58　"创建新元件"对话框

图 3-59　"云彩"元件

6. 返回"场景 1",再次按【Ctrl+F8】组合键,创建名为"影片云彩"的影片剪辑元件,单击"确定"按钮。

7. 在打开的影片剪辑元件编辑窗口,选择第 1 帧,将"云彩"图形元件拖入舞台,放在舞台右侧,打开其属性面板,如图 3-60 所示,将色彩效果的"样式"设为"Alpha",调整 Alpha 的值为"0"。如图 3-61 所示。

图 3-60　影片剪辑属性面板

图 3-61　影片剪辑元件 Alpha 值为 0

8．选择第 25 帧，插入关键帧，将"云彩"图形元件拖至舞台左侧，同时将属性面板中的 Alpha 值改为 100%。选中 1~25 帧中的任意一帧，右击，在打开的快捷菜单中选择"创建传统补间"，舞台及时间线面板如图 3-62 所示。

9．返回场景 1，新建一图层，命名为"动画"，将库中影片剪辑元件"影片云彩"拖 3 次至舞台，调整其大小和位置，状态如图 3-63 所示。

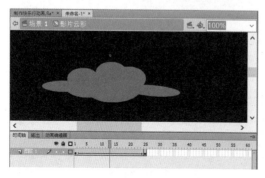

图 3-62　影片剪辑元件状态

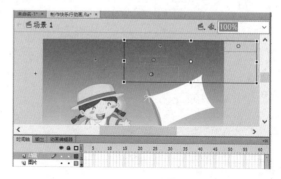

图 3-63　第 1 帧的时间轴及舞台效果

10．创建按钮元件"快乐行"。执行"插入→新建元件"菜单命令或者按【Ctrl+F8】组合键，弹出"创建新元件"对话框，输入元件名称"文字按钮"，并在"类型"下拉列表中选择"按钮"，单击"确定"按钮，打开按钮元件的编辑窗口，如图 3-64 所示。选中第 1 帧"弹起"，将"文字"图形元件拖至舞台，选中第二帧"指针经过"，插入关键帧，右击"文字"元件，选择"分离"命令，将元件进行分离，再分离一次，打开属性面板，将字符系列改为"汉仪黑咪体简"，如图 3-65 所示，再次将文字分离，打开属性面板，改变其填充颜色为黄色。

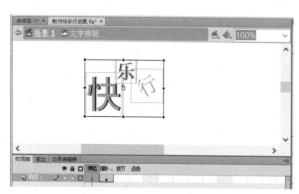

图 3-64　按钮元件的编辑窗口

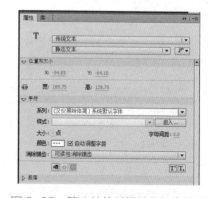

图 3-65　第 1 帧的时间轴及舞台效果

11．返回场景 1，选中"动画"图层的第 1 帧，在库面板中将文字按钮元件拖至舞台，并调整其位置，如图 3-66 所示。

12．按【Ctrl+S】组合键保存文件，按【Ctrl+Enter】组合键测试影片，效果如图 3-67 所示。

图3-66　时间轴及舞台效果　　　　　　图3-67　动画测试效果

3.7　元件的分类与创建

1. 元件概念

元件，是指在 Flash 中创建并保存在库中的图形、按钮或影片剪辑，是制作 Flash 动画的最基本元素。元件只需创建一次，就可以在当前影片或其他影片中重复使用。创建的任何元件，都会自动成为当前"库"的一部分。

在文档中使用元件可以显著减小文件的大小，保存一个元件的几个实例，比保存该元件内容的多个副本占用的存储空间小得多。使用元件还可以加快 SWF 文件的回放速度，因为无论一个元件在动画中被使用了多少次，播放时只需把它下载到 Flash Player 中一次即可。

库也就是"库"面板，它是 Flash 软件中用于存放各种动画元素的场所，所存放的元素可以是由外部导入的图像、声音、视频元素，也可以是使用 Flash 软件根据动画需要创建出的不同类型的元件。按【Ctrl+L】组合键可以打开"库"查看元件，如图 3-68 所示。

2. 元件的分类

在 Flash 中，有"图形"、"影片剪辑"和"按钮"三种元件类型，如图 3-69 所示。

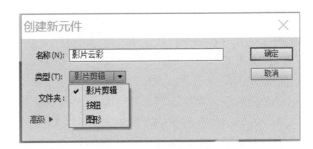

图3-68　"库"中的元件　　　　　　图3-69　元件的三种类型

- 图形：是创建的可以反复使用的静态图形或图像。在"库"中用图标📷来表示。
- 影片剪辑：可以创建能重复使用的动画片段。在影片剪辑中可以创建图形图像、视频和动画等，影片剪辑可以脱离主时间轴单独播放。无论影片剪辑的内容有多长，它在主时间轴中只占一个关键帧。在"库"中用图标📹来表示。

- 按钮：可以创建用于响应鼠标单击、滑过或其他动作的交互式按钮，可以实现与动画的交互，在使用交互功能时，一般需要为按钮编写代码达到需要的功能。在"库"中用图标来表示。

在实际使用时，影片剪辑元件中可以嵌套图形元件或按钮元件使用；按钮元件可以嵌套影片剪辑元件或图形元件使用。

3. 创建元件

以直接创建影片剪辑类型的元件为例，来讲解直接创建元件的方法，其他图形元件和按钮元件的创建方法类似，只是在"类型"中选择相应的类型即可

① 执行"插入→新建元件"菜单命令（或快捷键【Ctrl+F8】），弹出"创建新元件"对话框，输入元件名称；并在"类型"下拉框中选择元件类型"影片剪辑"，单击"确定"按钮，打开元件编辑模式窗口。元件的名称出现在窗口左上角，窗口中的"+"字光标，表示元件的定位点。

② 在元件编辑窗口中，可以使用绘制工具绘制、导入外部的素材、拖入其他元件的实例等方法制作元件。制作完成后，单击左上角的"场景1"按钮，退出元件编辑窗口。

用这种方式创建的新元件只保存在 Flash 的"库"中，并不在工作区中显示。

4. 转换元件

以将现有对象转换为图形元件为例来讲解转换元件的方法，其他按钮元件和影片剪辑元件的转换方法与此类似。将舞台上已有的对象转换为"图形"元件，参照以下操作步骤。

① 启动 Flash 后，打开素材文件"牛.fla"。

② 单击舞台上的牛，按【F8】键打开"转换为元件"对话框，设置新元件的名称为"吃草的牛"，类型为"图形"，设置完后单击"确定"按钮。舞台上的牛的图形被转换为图形元件。

③ 在"库"面板中除了原有的图像文件外，还有新转换的图形元件。

5. 编辑元件

可以根据需要对已有的元件进行编辑修改。编辑过程中，可以像创建新元件时那样使用任意绘画工具，也可以在元件内导入媒体或其他元件。对元件编辑的结果会反映到它的所有实例。

通过以下方式编辑元件：

(1) 在当前位置编辑元件

在这种编辑模式下，当前帧上的所有对象会同时显示在舞台上，便于在编辑时相互参照，未被编辑的对象以灰显方式出现，从而将它们和正在编辑的元件区别开来。正在编辑的元件的名称显示在舞台顶部的编辑栏内，位于当前场景名称的右侧。例如，图 3-70 中右边的牛是被编辑对象，左边未被编辑的对象以灰显方式出现。

操作方法：

① 在舞台上选择元件的一个实例。可执行下列操作之一：

- 双击该实例。
- 右击，然后选择"在当前位置编辑"。
- 执行"编辑→在当前位置编辑"菜单命令。

② 对元件进行编辑。

③ 退出元件编辑模式。可执行下列操作之一：

● 在元件以外双击。

● 单击"返回"按钮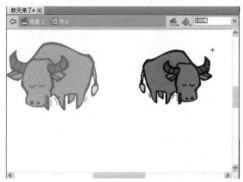。

● 从编辑栏中的"场景"菜单中选择当前场景名称。

● 执行"编辑→编辑文档"菜单命令。

图 3-70 "在当前位置编辑"的显示效果

图 3-71 元件编辑模式窗口

(2) 在新窗口中编辑元件

可以开启一个与当前文档同名的新文档窗口，在主时间轴中对选中的元件进行编辑。
操作方法：

● 在舞台上选择该元件的一个实例，右击，然后选择"在新窗口中编辑"。

● 编辑元件。

● 单击窗口右上角的关闭框来关闭新窗口，然后在主文档窗口内单击返回主文档。

(3) 在元件编辑模式下编辑元件

使用元件编辑模式，可将窗口从舞台视图更改为只显示被编辑元件的单独视图，被编
辑元件的名称显示在舞台顶部的编辑栏内，位于当前场景名称的右侧，如图 3-71 所示。(只
显示一个实例)

操作方法：

① 执行下列操作之一：

● 双击"库"面板中的元件图标。

● 在舞台上选择该元件的一个实例，右击，选择"编辑"。

● 在舞台上选择该元件的一个实例，然后执行"编辑→编辑元件"菜单命令。

● 在"库"面板中选择该元件，然后从"库面板"菜单中选择"编辑"，或者使用鼠
标右击"库"面板中的该元件，然后选择"编辑"。

② 编辑元件。

③ 退出元件编辑模式并返回到文档编辑状态。可执行下列操作之一：

● 单击舞台顶部编辑栏左侧的"返回"按钮。

● 执行"编辑→编辑文档" 菜单命令。

● 单击舞台上方编辑栏内的场景名称。

● 在元件外部双击。

085

3.8　使用库面板

在 Flash 中，"库"面板用来显示、存放和组织"库"中所有的项目，包括创建的元件以及从外部导入的位图、声音和视频等。

执行"窗口→库"菜单命令，或者按【Ctrl+L】组合键，可以打开如图 3-72 所示的"库"面板。"库"中项目名称左边的图标标明了它的文件类型。当选择"库"中的项目时，面板的顶部会出现该项目的缩略图预览。如果选定项目是动画或者声音文件，则可以使用库预览窗口或"控制器"中的"播放"按钮预览该项目。

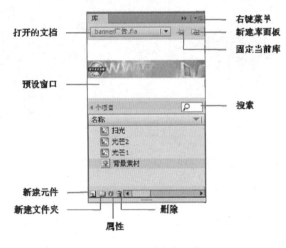

图 3-72　"库"面板

3.9　元件的实例

1.　创建实例

将"库"面板中的元件拖入到舞台上后，拖曳到舞台上的对象即成为实例。在文档的任何位置，包括在其他元件的内部，都可以创建元件的实例。

库中的元件只有一个，但通过一个元件可以创建无数个实例，并且使用实例并不会增加文件的大小。若进入所创建实例的编辑模式对实例进行编辑，则舞台上所有的实例和库中对应的元件均被更改。图 3-73 中，舞台上的所有小草实例，都是用同一个元件创建的。

图 3-73　用同一元件创建的多个小草实例

2. 设置实例的属性

元件的每个实例都可以拥有各自独立于该元件的属性。当修改元件时，Flash 会自动更新元件的所有实例；而对实例所做的更改只会影响实例本身，并不会影响元件。可以在如图 3-74 所示的"属性"面板中，更改实例的名称、颜色、类型、混合等属性。

（1）为实例命名

通过为按钮或影片剪辑实例命名，可以更容易地区分实例。在使用"脚本"时，只有使用实例名称，才能把该实例指定为脚本的目标路径。

操作方法：选择实例，单击"属性"面板的"实例名称"框，然后输入名称。

（2）更改实例类型

通过改变实例的类型，可以使实例获得区别于其他类型元件的属性。例如，要为一个图形实例添加"混合"效果，可以先把它改为影片剪辑类型。更改实例的类型，并不会更改该实例所对应元件的类型。

操作方法：在舞台上选择实例，单击"属性"面板中的"实例行为"框，从列表中选择一种其他的类型即可，如图 3-74 所示。

（3）更改实例颜色

操作方法：在舞台上选择实例，单击"属性"面板中的"颜色样式"下拉列表，从列表中选择一项进行设置即可。如图 3-74 所示。

- 亮度：改变实例的明亮程度，可在最暗（-100%）和最亮（100%）之间设置不同的明亮程度。
- 色调：为实例叠加一种颜色。调整"色彩数量"滑块，可以改变叠加量。
- Alpha：改变实例的透明度，可在完全透明（0%）和完全不透明（100%）之间设置不同的透明程度。
- 高级：更精细地同时设定"色调"和"Alpha"两项的值。

（4）应用混合模式

使用混合模式，可以混合重叠影片剪辑或按钮中的颜色，从而创造出独特的效果。混合的效果不仅取决于要应用混合的对象的颜色，还取决于位于对象下面的基础颜色。在应用时，可以多试验几种不同的混合模式，以获得最佳效果。

操作方法：在舞台上选择实例，单击"属性"面板中的"混合"框，打开如图 3-75 所示的下拉列表，从中选择一种模式。

图 3-74 实例"属性"面板

图 3-75 "混合"下拉列表

模块 3 基础动画

(5) 交换实例

可以用其他元件的实例替换当前的实例，新元件的实例，将保留原始实例的所有属性（例如位置、滤镜、颜色样式）。操作方法：

- 选中要交换的实例，打开"属性"面板。在属性面板上可查看原始实例的属性，例如，选择如图 3-76 所示改变方向和大小的"牛 1"实例，它的属性如图 3-77 所示。

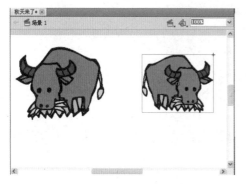

图 3-76　"牛 1"实例

图 3-77　"牛 1"实例属性面板

- 单击"交换"按钮，出现如图 3-78 所示的"交换元件"对话框，从中选择要交换的元件，然后单击"确定"按钮。

例如，选择"牛 2"元件进行交换。这时"牛 2"实例就会替换"牛 1"的实例，并且继承"牛 1"的所有属性（方向和大小）如图 3-79 所示。

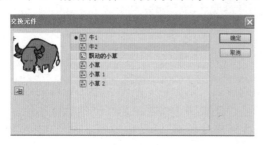

图 3-78　"交换元件"对话框

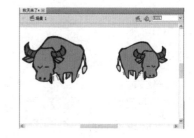

图 3-79　继承了大小和方向的效果

(6) 分离实例

可以将实例和与它对应的元件分离，使它不再与元件存在关联，成为一个独立的对象。例如，要用某个实例制作变形动画时，就需要先分离该实例。

操作方法：选中实例，执行 "修改→分离"菜单命令，或按快捷键【Ctrl+B】，即可将实例分离。

3.10　影片剪辑与图形元件的关系

1. 二者的关系

在 Flash 的元件中，图形元件和影片剪辑元件都可以包含动画片段，二者也可以相互嵌套、转换类型和相互交换实例，但它们之间也存在很多的差别。

① 图形元件不支持交互功能，也不能添加声音、滤镜和混合模式效果，而影片剪辑元

件可以。

② 图形元件没有独立的时间轴，它与主文档共用时间轴，所以图形元件在 FLA 文件中的尺寸也小于影片剪辑。

③ 因为动画图形元件使用与主文档相同的时间轴，所以在文档编辑模式下可以预览动画；影片剪辑元件拥有自己独立的时间轴，在舞台上显示为一个静态对象，在文档编辑模式下不能预览动画。

④ 图形元件的动画播放效果会受到舞台主时间轴长度的限制，而影片剪辑元件动画却不会。

2．验证方法

可以通过以下的方法来验证二者的区别：

① 在舞台上同时放置一个影片剪辑动画实例"小草"和一个图形元件动画实例"太阳"。把图形元件实例的"图形选项"属性设为"循环，1"。例如，图 3-80 中的"小草"是影片剪辑元件实例，"太阳"是图形元件实例，这时它们在主时间轴只占了 1 帧。

图 3-80　实例的属性和时间轴

② 选中图形元件实例，查看"滤镜"和"混合"选项，二者以灰色显示，表示不可用。选中影片剪辑实例，将可以设置"滤镜"和"混合"选项。

③ 按【Enter】键，二者在舞台上均会保持静止状态；按【Ctrl+Enter】组合键，在影片测试状态下影片剪辑动画可以播放，而图形元件动画仍保持静止状态。因为虽然把图形元件实例设置成了"循环"状态，但受到主时间轴只有 1 帧的限制，只能播放它的第 1帧；而影片剪辑实例则不受此限制。

④ 在主时间轴第 10 帧处按【F5】键插入帧，其他设置保持不变。按【Enter】键，舞台上图形元件的动画可以播放，而影片剪辑元件动画会保持静止；按【Ctrl+Enter】组合键，在影片测试状态下二者的动画都能播放。

经典咏流传——传统补间动画

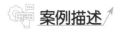

制作传统补间动画，实现图片的透明度、大小、位置及形状的变化，如图 3-81 所示。

图 3-81　经典咏流传效果图

案例分析

- 制作传统补间动画实现图片的透明度及形状的变化。
- 在传统补间动画"属性面板"中设置 Alpha 值的变化效果。

操作步骤

1. 启动 Flash，打开素材文件"经典咏流传.fla"。

2. 单击"新建图层"按钮 ，新建图层 1 并命名为"苔"。在第 1 帧处，打开"库"面板，将"苔.jpg"文件拖至舞台，打开"对齐"面板，选中"与舞台对齐"复选框，设置"对齐"为"水平中齐"，"分布"为"垂直居中分布"，"匹配大小"为"匹配宽和高"。

3. 选择"苔.jpg"文件，按【F8】键，将舞台上的文件转换为图形元件，打开"转换为元件"对话框，"将名称"设为"苔"；"类型"设为"图形"。在第 1 帧处，选中图形，打开其属性对话框，设置色彩效果的样式为"Alpha"，并设置其值为 0%，如图 3-82 所示。在 10 帧处按【F6】键插入关键帧，调整其 Alpha 值为 100%。选中第 1 到 10 帧之间的任意一帧，右击，选择"创建传统补间"。

图 3-82　"苔"的属性面板

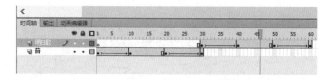

图 3-83　图层 1 和 2 的时间轴效果图

4. 在第 20 帧处插入关键帧，让图片持续显示，然后在第 30 帧处插入关键帧，调整其

Alpha 值为 0%，在第 20 至 30 帧中的任意一帧处右击，选择"创建传统补间"。

5. 单击"新建图层"按钮 🔲，新建图层 2 并命名为"明日歌"。选中第 30 帧，插入关键帧，将"库"面板中"明日歌.jpg"文件拖入舞台，按【F8】键将舞台上的文件转换为图形元件。打开"转换为元件"对话框，将"名称"设为 "明日歌"；"类型"设为 "图形"。同步骤 3，4，在第 30 帧调整其 Alpha 值为 0%，在第 40 帧调整其 Alpha 值为 100%，创建传统补间动画，在第 50 帧和第 60 帧处分别插入关键帧，并分别调整其 Alpha 值为 100% 和 0%，并创建传统补间动画，实现图片的淡入淡出效果，其时间轴如图 3-83 所示。

6. 单击"新建图层"按钮 🔲，新建图层 3 并命名为"送元二"，选择第 50 帧，插入关键帧，将"库"面板中"送元二.jpg"文件拖入舞台，按【F8】键将舞台上的文件转换为图形元件。打开"转换为元件"对话框，将"名称"设为 "送元二"；"类型"设为 "图形"。单击舞台上的图形元件实例，使用"任意变形"工具 🔲 将实例缩小，如图 3-84 所示。选中第 60 帧插入关键帧，将实例大小调整至舞台大小，选中第 50 至 60 帧中的任意一帧，创建传统补间，如图 3-85 所示。

图 3-84 图片缩小

图 3-85 图片由小变大的效果

7. 在第 70 帧和 80 帧处插入关键帧，选中第 80 帧，使用"任意变形"工具 🔲 将实例缩小，并将其属性面板中的 Alpha 值调整为 0，实现图片由大到小逐渐消失的效果。

8. 单击"新建图层"按钮 🔲，新建图层 4 并改名为"赠从弟"，选择第 70 帧插入关键帧，将"库"面板中"赠从弟.jpg"文件拖入到舞台，单击【F8】将舞台上的文件转换为图形元件。设置"转换为元件"对话框，"名称"设为：赠从弟；"类型"设为：图形。设置其属性面板的 Alpha 值为 0，选择第 80 帧插入关键帧，调整其 Alpha 值为 100%。选择第 90 帧，插入关键帧，其效果如图 3-86 所示，其时间轴状态如图 3-87 所示。

图 3-86 第 90 帧的效果

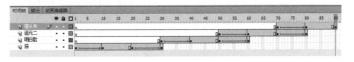

图 3-87 时间轴状态

9．单击"新建图层"按钮◻，新建图层 5 并命名为"云"，在第 1 帧，将"库"面板中的影片剪辑元件"云动"拖到舞台右侧上边缘。

10．单击"新建图层"按钮◻，新建图层 6 并命名为"经典咏流传"，在第 1 帧处选择"文本工具"在舞台上输入"经典咏流传"，打开属性面板，字体颜色设为橙色，"咏"字的字符系列设为"华文行楷"，大小为"70 点"，其余四字的字符系列设为"华文新魏"，大小为"80 点"。将文字置于舞台右上方，舞台布局如图 3-88 所示。选中第 30 帧插入关键帧，调整文字的位置，如图 3-89 所示，创建传统补间。

图 3-88　第 1 帧处文字的位置

图 3-89　第 30 帧处文字的位置

11．在第 50 帧插入关键帧，打开"变形"面板，进行倾斜变形，按如图 3-90 所示参数进行调整，并调整其位置和大小，如图 3-91 所示，设置文字的 Alpha 值为 0，创建传统补间。

图 3-90　变形面板　　　图 3-91　50 帧处文字的位置　图 3-92　70 帧处文字的状态

12．在第 70 帧插入关键帧，调整文字的状态和位置，如图 3-92 所示，创建传统补间。最后的时间轴效果如图 3-93 所示。

Flash CS6 动画制作案例教程

13．按组合键【Ctrl+S】保存文件，按组合键【Ctrl+Enter】测试影片。

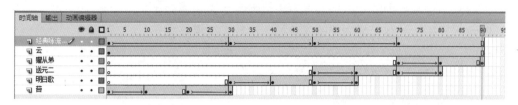

图 3-93　时间轴效果

3.11　传统补间动画制作

传统补间动画也是 Flash 中非常重要的表现手段之一，与"形状补间动画"不同的是，补间动画的对象必须是"元件"或"成组对象"。运用传统补间动画，可以设置元件的大小、位置、颜色、透明度、旋转等属性。

1. 补间动画的特点

（1）组成元素

制作补间动画时，两个关键帧上的对象必须是元件实例或"成组对象"即只有把形状"组合"或者转换成"元件"后才可以制作补间动画。另外，两个关键帧上的对象应为同一对象，同一图层上每个关键帧中只能有一个对象。

（2）在时间轴面板上的表现形式

创建补间动画后，两个关键帧之间的背景变为淡紫色，如图 3-94 所示，在起始帧和结束帧之间有一个长长的箭头。如果开始帧与结束帧之间不是箭头而是虚线，如图 3-95 所示，说明补间没有成功，原因可能是动画组成元素不符合补间动画规范。

图 3-94　创建补间动画

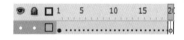

图 3-95　补间没有成功

2. 补间形状和补间动画的区别

补间形状和补间动画都属于补间动画类型，前后都各有一个起始帧和结束帧，二者之间的区别见表 3-1。

表 3-1 补间形状和补间动画的区别

区　别	补间动画	补间形状
在时间轴上的表现	淡紫色背景加长箭头	淡绿色背景加长箭头
组成元素	影片剪辑、图形元件、按钮	形状；如果使用图形元件、按钮、文字，则必先打散再变形
作用	实现 1 个元件的大小、位置、颜色、透明度等的变化	实现 2 个形状之间的变化，或 1 个形状的大小、位置、颜色等的变化

3. 补间动画的制作方法

① 在时间轴面板上动画开始播放的地方创建或选择一个关键帧，并在关键帧上设置一

个元件，注意一个帧中只能放一个项目。

② 在动画结束的地方创建或选择一个关键帧并设置该元件实例的属性。

③ 选择开始帧和结束帧之间的任意帧，执行下列操作之一：

- 右击，在弹出的快捷菜单中选择"创建传统补间"。
- 执行"插入→传统补间"菜单命令。

3.12 补间动画的属性

在时间轴上创建了"补间动画"的任意帧上单击，选择属性按钮![icon]，打开属性面板。

（1）"缓动"选项

用鼠标单击"缓动"右边的数值"0"，在文本框中输入数值。补间动画将根据设置作出相应的变化。

- 在-1到-100的负值之间，动画运动的速度从慢到快，朝运动结束的方向加速补间。
- 在1到100的正值之间，动画运动的速度从快到慢，朝运动结束的方向减慢补间。
- 默认情况下，补间帧之间的变化速率是不变的。

（2）"编辑缓动"按钮

单击"编辑缓动"按钮![icon]，弹出"自定义缓入/缓出"对话框，如图3-96所示。可以通过调整曲线形状，设置动画的缓入/缓出效果，如图3-97所示。

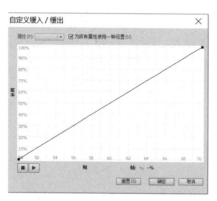

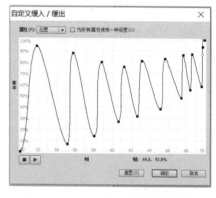

图3-96 "自定义缓入/缓出"对话框　　　　图3-97 设置动画的缓入/缓出值

（3）"旋转"选项

- 无（默认设置）：禁止对象旋转；
- 自动：对象以最小的角度旋转1次，直到终点位置；
- 顺时针及次数：使对象在运动时顺时针旋转相应的圈数；
- 逆时针及次数：使对象在运动时逆时针旋转相应的圈数。

（4）"调整到路径"复选框

选中该复选框，将补间元素的基线调整到运动路径，主要用于引导线运动，此项功能将在模块四中介绍。

（5）"同步"复选框

选中该复选框，可以确保实例在主文档中正确地循环播放。如果元件中动画序列的帧数不是文档中图形实例占用的帧数的偶数倍，应使用"同步"命令。

(6) "贴紧"复选框

选中该复选框，可使对象沿路径运动时，自动捕捉路径。

 **海底世界——补间动画**

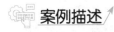 **案例描述**

制作补间动画，实现"鱼"图形实例位置与旋转方向的变化，如图 3-98 所示。

图 3-98 海底世界

案例分析

- 制作补间动画实现"鱼"图形实例位置与旋转方向的变化。
- 了解补间动画与传统补间动画的区别。

操作步骤

1. 启动 Flash，打开素材文件"海底世界.fla"。

2. 新建一图层，将其命名为 "鱼"。打开"库"面板，将"鱼.png"文件拖入舞台，如图 3-99 所示。

3. 选择"鱼.png"文件，按【F8】键，将舞台上的文件转换为图形元件，打开"转换为元件"对话框，将"名称"设为 "鱼"；"类型"设为 "图形"。在 100 帧处按【F5】键插入一帧。在"鱼"图层的第 1~100 帧中的任意一帧，右击鼠标，在弹出的快捷菜单中选择"创建补间动画"，此时底纹变成了浅蓝色。

4. 单击"鱼"图层第 20 帧，将舞台上的"鱼"图片向下方拖曳到如图 3-100 所示位置。伴随着鱼的移动将出现一条带有菱形的点状线，同时"时间轴"面板上第 20 帧处出现一个菱形的黑色方块。

5. 单击"鱼"图层的第 40 帧，将舞台上的"鱼"向右上方移动，随着鱼的移动会出现带有菱形的点状线，同时"时间轴"面板上第 40 帧处出现一个菱形黑色方块。使用任意变形工具，变换"鱼"的形状，如图 3-101 所示。

6. 用同样的方法设置 60 帧，100 帧的"鱼"的位置以及形状，如图 3-102 所示。

7. 单击工具箱中"钢笔工具"右侧的三角按钮，在出现的菜单中选择"转换锚点工具"↖或按【C】键。

图 3-99 "鱼"实例的开始位置

图 3-100 "鱼"实例的第 20 帧位置

图 3-101 "鱼"实例的第 40 帧位置

图 3-102 "鱼"实例的位置轨迹

8. 将舞台上的运动轨迹调整为圆滑的曲线，调整后的效果如图 3-103 所示。（可以使用部分选取工具↖调整轨迹上关键点的位置）

图 3-103 圆滑轨迹

9. 按组合键【Ctrl+S】保存文件，按组合键【Ctrl+Enter】测试影片。

3.13　补间动画制作

补间动画功能强大，且易于创建。通过补间动画可对补间的动画进行最大限度的控制。可补间的对象类型包括影片剪辑、图形和按钮元件以及文本字段。

1. 创建补间动画

(1) 创建位置补间动画

● 在舞台上选择要补间的一个或多个对象。

● 执行下列操作之一：

执行"插入→补间动画"菜单命令；

右击，在打开的快捷菜单中选择"创建补间动画"。

注：如果对象不是可补间的对象类型，或者在同一图层上选择了多个对象，将显示一个对话框。通过该对话框可以将所选内容转换为影片剪辑元件。

● 在时间轴中拖动补间范围的任一端（当鼠标变为↔时拖动），以按所需长度缩短或延长范围。

(2) 创建非位置属性的补间动画

● 选择舞台上的对象。

● 执行"插入→补间动画"菜单命令。

● 将播放头放到补间范围中要指定属性的某个帧上。

● 在舞台上选定了对象后，可设置非位置属性（如 Alpha 透明度和倾斜等）的值。使用"属性"面板或"工具"面板中的工具之一设置属性值。

2. 编辑补间的运动路径

(1) 更改补间对象的位置

将播放头移动到补间的任意位置，移动补间的目标对象。

● 打开素材"改变路径 1.fla"。

● 将播放头放于要改变位置的帧上。

● 拖动舞台上对应的目标实例，如图 3-104 所示。

(2) 使用"选取"工具和"部分选取"工具，"任意变形"工具编辑运动路径的形状。

● 在工具栏中单击"选取"工具。

● 单击舞台上的空白区域。

● 将指针放于路径旁，当指针形状变为时，拖动指针改变路径，如图 3-105 所示。

图 3-104　更改补间对象的位置　　　　图 3-105　使用选取工具编辑路径

- 若要改变关键帧上的贝塞尔控制点，应选择"部分选取"工具 ，如图 3-106 所示。
- 使用"任意变形"工具 编辑运动路径，选择运动路径，不要选择目标实例，可缩放、倾斜、旋转路径，如图 3-107 所示。

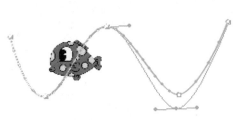

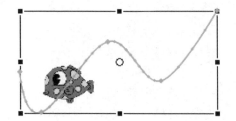

图 3-106　更改贝塞尔控制点　　　　　图 3-107　使用"任意变形"工具编辑运动路径

3. 使用动画编辑器制作动画

动画编辑器是对补间动画进行倾斜、旋转或制作缓动效果的窗口，如图 3-108 所示。

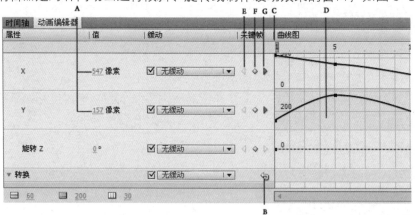

A 属性值　B 重置按钮　C 播放头　D 属性曲线区域　E、G 上/下一关键帧按钮　F 删除/添加关键帧按钮

图 3-108　动画编辑器

以下几条有助于读者了解动画编辑器。

- 选择时间轴中的补间范围或者舞台上的补间对象或运动路径后，动画编辑器即会显示该补间的属性曲线。
- 动画编辑器在网格上显示属性曲线，网格表示时间轴上的各个帧。
- 动画编辑器使用二维图来表示补间的属性值。每个属性都有自己的图形，每个图形的水平方向表示时间（从左到右），垂直方向表示属性值的大小。
- 每个属性的关键帧将显示为属性曲线的控制点。按【Ctrl】键单击控制点可以选定控制点。
- 在动画编辑器中通过建立关键帧，并使用贝塞尔控件处理曲线，可以精确地控制大多数属性曲线的形状。对于 X、Y、Z 的属性，可以添加和删除关键帧，但不能使用贝塞尔控件。
- 使用动画编辑器还可以对任何属性曲线应用缓动。

3.14　补间动画与传统补间动画的区别

补间动画与传统补间动画的区别如下。

① 传统补间使用关键帧，关键帧是显示对象的新实例的帧。补间动画只能有一个与之关联的对象实例，使用属性关键帧而不是关键帧

② 补间动画在补间范围内由一个目标对象组成。

③补间动画与传统补间都只允许对特定类型的对象进行补间。若应用补间动画，则在创建补间时会将所有不允许的对象类型转换为影片剪辑元件，而传统补间动画会把不允许的对象类型转换为图形元件。

④ 补间动画会将文本视为可补间的类型，而不会将文本对象转换为影片剪辑。传统补间会将文本转换为形状补间。

⑤ 在补间动画范围上不允许帧脚本。传统补间允许帧脚本。

⑥ 补间目标上的任何对象脚本都无法在补间动画范围的进程中更改。

⑦ 能够在时间轴中对补间动画范围进行拉伸和调整大小，并将它们视为单个对象。传统补间在时间轴中可通过移动关键帧的位置来调整传统补间的范围。

⑧ 若要在补间动画范围中选择单个帧，必须按住【Ctrl】键单击帧。

⑨ 对于传统补间动画，缓动可应用于补间内关键帧之间的帧组。对于补间动画，缓动可应用于补间动画范围的整个长度。若要仅对补间动画的特定帧应用缓动，则需要创建自定义缓动曲线。

⑩ 利用传统补间，能够在两种不同的色彩效果（如色调和 Alpha 透明度）之间创建动画。补间动画能够对每个补间应用一种色彩效果。

⑪ 只能够使用补间动画来为 3D 对象创建动画效果。无法使用传统补间为 3D 对象创建动画效果。

⑫ 只有补间动画才能保存为动画预设。

⑬ 对于补间动画，无法交换元件或设置属性关键帧中显现的图形元件的帧数。而传统补间则可以应用这些技术。

3.15　动画预设

动画预设是预配置的补间动画，可以将它们应用于舞台上的对象。"动画预设"面板中有两个选项，分别为"默认预设"和"自定义预设"。"默认预设"中存放着 Flash CS6 内置的 30 种动画效果，使用这些动画效果可以快捷地为现有影片剪辑设置不同类型的动画，还可以将现有的动画保存为"自定义预设"，方便日后使用。

1. 预览动画预设

Flash CS6 随附的每个动画预设都包括预览。应用以下步骤来预览动画预设。

● 执行"窗口→动画预设"菜单命令，打开动画预设面板。

● 双击"默认预设"文件夹，从列表中选择一个动画预设。在面板顶部的预览窗格中进行播放，如图 3-109 所示。

● 要停止播放预览，在预览面板外单击。

2. 应用动画预设

若要应用动画预设，可进行以下操作。

● 在舞台上选择可以补间的对象。如果将动画预设应用于无法补间的对象，则会显示一个对话框，将该对象转换为元件。

● 在"动画预设"面板中选择一种预设。

● 单击"动画预设"面板中的"应用"按钮。或在所选的预设上单击鼠标右键，在打开的快捷菜单中选择"在当前位置应用"。

图 3-109　动画预设

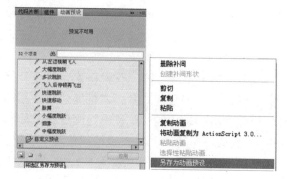

图 3-110　另存为动画预设

3. 将补间"另存为动画预设"

若要将自定义补间另存为预设，执行下列操作步骤：

● 选择以下项之一：

时间轴中的补间范围；

舞台上应用了自定义补间的对象；

舞台上的运动路径。

● 单击"动画预设"面板中的"将选区另存为预设"按钮，或右击选定内容，在打开的快捷菜单中选择"另存为动画预设"，如图 3-110 所示。

💻 思考与实训 3

一、填空题

1．时间轴中图层或文件夹名称旁边的铅笔图标表示该图层或文件夹处于_____状态，一次可以选择_____个图层，但一次只能有_____个图层处于活动状态。

2．按住【Alt】键单击图层或文件夹名称右侧的"眼睛"列，显示或隐藏_____的所有图层。

3．选择多个连续帧，按住_____键单击其他帧；选择多个不连续的帧，按住_____键并单击其他帧。

4．通常情况，在某个时间舞台上仅显示动画序列的_____。

5．要将图层中不同的对象分散到图层，应选择所有图形并单击鼠标右键，在打开的快捷菜单中选择_____。

6．创建补间形状后，两个关键帧之间的背景变为_____，在起始帧和结束帧之间有一个长长的_____。

7. 起始关键帧中的形状提示是____色的，结束关键帧中的形状提示是____色的，当不在一条曲线上时为____色。

8. 元件，是指在 Flash 中创建并保存在库中的图形、按钮或影片剪辑，是制作 Flash 动画的_____。

9. 组合键_____可以将对象粘贴到原来位置。

10. 在 Flash 中，有_____、"影片剪辑"和_____三种元件类型。

11. 直接创建"影片剪辑"元件的快捷键为_____。

12. 图形元件不支持交互功能，也不能添加声音、滤镜和混合模式效果，而_____元件可以。

13. 要编辑补间动画的运动路径，可以使用_____工具、"部分选择"工具或_____工具。

14. 补间动画中每个属性的关键帧将显示为属性曲线的控制点。按____键单击控制点可以选定控制点。

15. 补间动画只能有一个与之关联的对象实例，使用_____而不是关键帧。

二、上机实训

1. 使用逐帧动画技术，制作出如图 3-111 所示的文字逐帧动画效果，最终效果参见"文字逐帧动画.swf"。

Start start start start start

图 3-111　文字逐帧动画效果

2. 使用形状补间动画，利用提供的素材，实现 Loading……下载条的动画效果。如图 3-112 所示，最终效果参见"loading……下载条.swf"。

3. 利用提供的素材文件"龟兔赛跑.fla"制作传统补间动画，实现如图 3-113 所示的效果，最终效果参见文件"龟兔赛跑.swf"。

图 3-112　Loading……下载条

4. 利用提供的素材，制作补间动画，实现如图 3-114 所示的效果，最终效果参见文件"足球.swf"。

图 3-113　传统补间动画

图 3-114　补间动画

模块 3　基础动画

模块 4

高级动画

炫彩投篮——引导层动画

案例描述

通过使用运动引导层，制作人物精彩投篮的动画，效果如图 4-1 所示。

图 4-1 "炫彩投篮"动画效果

案例分析

- 绘制篮球运动轨迹，作为运动引导路径。
- 为"篮球"元件创建传统补间动画，让篮球沿引导线运动。

操作步骤

1. 新建 Flash 文档，按组合键【Ctrl+S】保存文件，命名为"炫彩篮球.fla"。

2. 把"图层 1"重命名为"背景"，导入图片素材"背景.jpg"至舞台，缩放到与舞台相同的尺寸。选中"背景"层的第 70 帧，按【F5】键插入帧，锁定该图层。

3. 在"背景"层之上创建新图层，命名为"人物"。依次将素材图片"人物 1.png"～"人物 4.png"导入库中。选择"人物"层的第 1 帧，将库中的"人物 1.png"拖动至舞台上的合适位置。依次在该图层的第 5、10、15 帧位置按【F6】键插入关键帧，并将其中的图像分别交换为"人物 2.png"、"人物 3.png"、"人物 4.png"。完成后的时间轴及舞台效果如图 4-2 所示。

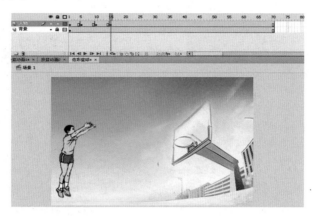

图 4-2　时间轴及舞台效果

4. 按组合键【Ctrl+F8】新建图形元件，命名为"篮球"，执行"文件→导入→导入到舞台"菜单命令，导入素材"篮球.png"。

5. 回到舞台中，在"人物"图层之上创建新图层，命名为"篮球"。在"篮球"图层的第 10 帧插入关键帧，将库中的"篮球"元件拖放到舞台，并调整合适的大小。在该图层的第 70 帧位置插入关键帧。选择第 10 ~ 70 帧之间的任一帧，单击鼠标右键，在打开的快捷菜单中执行"创建传统补间"菜单命令。

6. 在"篮球"图层的名称上右击，在打开的快捷菜单中执行"添加传统运动引导层"菜单命令。"篮球"图层之上添加了一个运动引导层，同时自动被命名为"引导层：篮球"，"篮球"图层图标向右缩进，成为"被引导"层，时间轴如图 4-3 所示。选择引导层的第 1 帧，利用"线条工具"及"选择工具"绘制如图 4-4 所示的引导路径。

图 4-3　添加传统运动引导层

图 4-4　绘制的运动引导路径

7. 选择"篮球"层的第 10 帧，拖动舞台上的"篮球"实例，使它中心的圆圈吸附到引导线的左端点，如图 4-5 所示。选择"篮球"图层的第 70 帧，拖动舞台上的"篮球"实例，使它中心的圆圈吸附到引导线的右端点，效果如图 4-6 所示。

8. 选择"篮球"图层 10 ~ 70 帧中的任意一帧，在补间属性面板中，设置旋转为逆时针 5 次。

9. 在"引导层：篮球"之上创建新图层，命名为"篮球网环"。选择第 1 帧，将素材图片"篮球网环.png"导入舞台中，调整其大小及位置，使其与原网环的位置重合。

10. 按组合键【Ctrl+S】保存文件，然后按组合键【Ctrl+Enter】测试影片，播放效果如图 4-1 所示。

图 4-5　第 10 帧对齐效果

图 4-6　第 70 帧对齐效果

4.1　使用图层

Flash 中的图层就像透明的玻璃纸一样，可以在舞台上一层层叠加。每个图层上都可以放置不同的图形。图层中有图形或文字的区域，会遮挡下面图层的相应区域，没有图形或文字的区域是透明的。

图层是相互独立的，如在一个图层上绘制和编辑对象，不会影响其他图层上的对象。若要同时补间多个组或元件，每个组或元件必须放在单独的图层上。

使用图层文件夹可以将图层组织成易于管理的组。用图层文件夹分别组织声音、图像、视频等不同种类的内容，可以方便查找及编辑。

1. 图层的分类

Flash 中的图层包括一般层、引导层、被引导层、遮罩层、被遮罩层、补间动画层、姿势层，图 4-7 展示了 Flash 中不同的图层类型。

图 4-7　Flash 中的图层类型

图层上各图标的含义如下：
- 图层文件夹 ：用于组织管理图层。
- 一般层 ：包含 FLA 文件中的大部分插图。

- 引导层 🌀：包含一些笔触，可用于对齐其他图层上的对象或引导其他图层上传统补间动画的运动。
- 被引导层 🔽：与引导层关联的图层。可以沿引导层上的笔触排列对象或为这些对象创建动画效果。被引导层可以包含静态插图和传统补间，但不能包含补间动画。
- 遮罩层 ▨：包含用作遮罩的对象，这些对象用于隐藏其下方图层的特定部分。
- 被遮罩层 ▨：位于遮罩层下方并与之关联，用于放置被遮罩对象。
- 补间动画层 ⌐：创建了补间动画的图层。
- 姿势层 🏃：包含骨架及其相关对象的图层。
- 活动层 ✐：标明该图层处于活动状态，图层中的内容可以编辑。
- 隐藏的层 ✗：标明该图层处于隐藏状态，图层中的对象不可见。
- 锁定的层 🔒：该图层处于锁定状态，图层的对象不可编辑。
- 显示为轮廓 ▢：图层上的对象以轮廓形式显示。

2. 创建图层或图层文件夹

新建的 Flash 文档只包含一个图层。要在文档中更有效地组织插图、动画和其他元素，就要添加更多的图层。图层不会增加发布的 SWF 文件大小。创建图层时，新添加的图层将出现在所选图层的上方，并成为活动图层。

创建图层，可以执行下列操作之一：

- 单击时间轴底部的"插入图层"按钮 ⬓。
- 执行"插入→时间轴→图层"菜单命令。
- 使用鼠标右键单击时间轴中的一个图层名称，从弹出的快捷菜单中选择"插入图层"命令。

创建图层文件夹，可执行下列操作之一：

- 单击时间轴底部的"插入图层文件夹"按钮 🗀。
- 在时间轴选择一个图层或图层文件夹，执行"插入→时间轴→图层文件夹"菜单命令。
- 使用鼠标右键单击时间轴中的一个图层或文件夹名称，从弹出的快捷菜单中选择"插入文件夹"命令，新文件夹将出现在所选图层或文件夹的上方。

3. 重命名图层或图层文件夹

默认情况下，新图层是按照创建顺序命名的：图层 1、图层 2……以此类推。要直观地反映图层的内容，可以重新命名图层或图层文件夹。

重命名图层或图层文件夹，可执行下列操作之一：

- 双击时间轴中图层或图层文件夹的名称，直接输入新名称。
- 使用鼠标右键单击图层或图层文件夹的名称，从弹出的快捷菜单中选择"属性"命令，打开如图 4-8 所示的"图层属性"对话框，在"名称"框中输入新名称，单击"确定"按钮。

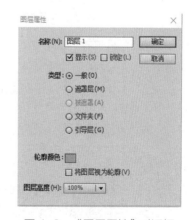

图 4-8　"图层属性"对话框

- 在时间轴中选择图层或图层文件夹，执行 "修改→时间轴→图层属性" 菜单命令，同样可打开如图 4-8 所示的"图层属性"对话框，在"名称"框中输入新名称，单击"确定"按钮。

4. 选择图层或图层文件夹

只有处于活动状态的图层，才可以编辑。时间轴中图层或图层文件夹名称旁边的铅笔图标 ✏，表示该图层或图层文件夹处于活动状态，一次只能有一个图层处于活动状态。

要选择图层或图层文件夹，可以执行下列操作：
- 单击时间轴中图层或图层文件夹的名称，该图层或文件夹将处于活动状态。
- 选择多个连续的图层或图层文件夹，可以按住【Shift】键的同时单击所要选择的图层或图层文件夹的名称。
- 选择多个不连续的图层或图层文件夹，可以按住【Ctrl】键的同时单击所要选择的图层或图层文件夹的名称。

5. 组织图层或图层文件夹

在时间轴中合理排列图层和图层文件夹，可以执行下列操作：
- 要将图层或图层文件夹移动到图层文件夹中，可将该图层或图层文件夹的名称拖到目标图层文件夹的名称中。
- 要更改图层或图层文件夹的顺序，可将时间轴中的一个或多个图层或图层文件夹拖动到所需位置。
- 单击文件夹名称左侧的三角形 ▶，可以展开或折叠文件夹。

6. 删除图层或图层文件夹

要删除图层或图层文件夹，可先选择要删除的图层或图层文件夹，然后执行下列操作之一：
- 单击时间轴中的"删除图层"按钮 🗑。
- 拖动图层或图层文件夹至"删除图层"按钮 🗑。
- 使用鼠标右键单击该图层或图层文件夹的名称，从弹出的快捷菜单中选择"删除图层"命令。

提示：删除图层文件夹，会同时删除其中所有的图层或子文件夹。

7. 隐藏图层或图层文件夹

通过隐藏图层或图层文件夹，可以防止隐藏的内容被意外更改，同时突出显示其他编辑对象。图层或图层文件夹名称旁边的红色 ✖，表示该图层或图层文件夹处于隐藏状态。在发布 Flash 影片时，任何隐藏图层都会被保留，并可在 SWF 文件中看到。

要隐藏图层及图层文件夹，可执行下列操作：
- 要隐藏图层或图层文件夹，单击时间轴中该图层或文件夹名称右侧的"眼睛"列（与眼睛按钮 👁 对应的圆点）。要显示图层或文件夹，可再次单击它。
- 要隐藏时间轴中的所有图层和图层文件夹，可单击眼睛按钮 👁。若要显示所有图层和图层文件夹，可再次单击它。
- 要隐藏除当前图层或图层文件夹以外的所有图层和图层文件夹，可按住【Alt】键单击当前图层或文件夹名称右侧的"眼睛"列。要恢复显示，可再次按住【Alt】

键单击它。

8. 锁定图层或图层文件夹

图层或图层文件夹被锁定后，其中的内容将无法编辑。被锁定图层或图层文件夹的"锁定"列（与"挂锁"按钮 🔒 对应的圆点）会出现"挂锁"图标 🔒。图 4-9 中"图层 1"和"文件夹 1"处于被锁定状态。

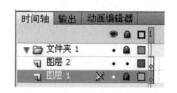

图 4-9　锁定的图层和图层文件夹

要锁定图层及图层文件夹，可以执行下列操作：

- 要锁定图层或图层文件夹，单击该图层或文件夹名称右侧的"锁定"列。要解锁该图层或图层文件夹，再次单击"锁定"列。
- 要锁定所有图层和图层文件夹，单击"挂锁"按钮。要解锁所有图层和图层文件夹，再次单击它。
- 要锁定除当前图层或图层文件夹外的所有图层或图层文件夹，可按住【Alt】键单击图层或图层文件夹名称右侧的"锁定"列。要解锁所有图层或图层文件夹，再次按住【Alt】键单击"锁定"列。

9. 以轮廓查看图层上的内容

使用彩色轮廓显示图层上的对象，可以帮助我们区分对象所属的图层。要以轮廓查看图层上的内容，可执行下列操作：

- 要将图层上所有对象显示为轮廓，单击该图层名称右侧的"轮廓"列（与轮廓按钮 ⬜ 对应的圆点）。要关闭轮廓显示，再次单击它。
- 要将所有图层上的对象显示为轮廓，单击"轮廓"按钮 ⬜。要关闭所有图层上的轮廓显示，再次单击它。
- 要将除当前图层以外的所有图层中的对象显示为轮廓，可按住【Alt】键单击当前图层名称右侧的"轮廓"列。要关闭其他所有图层的轮廓显示，再次按住【Alt】键单击它。

10. 将对象"分散到图层"

使用"分散到图层"命令，可以把一帧中的所选对象（可以在单个或多个图层上）快速分散到各个独立的图层中，以便分别编辑这些对象。没有选中的对象（包括其他帧中的对象）都保留在它们的原始位置。对任何类型的元素（包括图形、实例、位图、视频剪辑和分离的文本）都可以使用"分散到图层"命令。图 4-10 和图 4-11 所示为文本分散到图层前后的效果。

图 4-10　文本分散到图层前的效果

图 4-11　文本分散到图层后的效果

要将对象分散到图层，选择要分散到图层的对象，然后执行下列操作之一：

- 执行"修改→时间轴→分散到图层"菜单命令。
- 使用鼠标右键单击所选的对象，在弹出的快捷菜单中选择"分散到图层"命令。

4.2　运动引导动画

1. 引导层

使用引导层，可以帮助用户对齐对象。引导层不会导出，因此不会显示在发布的 SWF 文件中。

使用鼠标右键单击图层名称，从弹出的快捷菜单中选择"引导层"命令，图层名称左侧会出现 ⟨ 图标，表明该图层为引导层。要将该层改回常规层，可再次选择"引导层"命令。

2. 运动引导层

补间动画只能实现对象的直线运动和较简单的曲线运动，使用运动引导层可以控制传统补间动画中对象的精确、复杂运动。在 Flash CS6 中，只能为传统补间创建运动引导动画。

制作运动引导动画，至少需要两个图层，在上面的图层中绘制路径，在下面的图层中创建沿路径运动的传统补间动画。包含路径的层叫做"引导层"；被绑定的传统补间层叫做"被引导层"。可以将多个层绑定到一个运动引导层，使多个对象沿同一条路径运动，效果如图 4-12 所示。

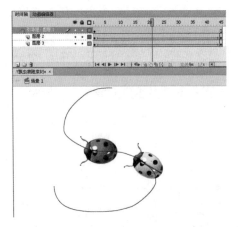

图 4-12　绑定多层到一个运动引导层

引导层中的路径可以用钢笔、铅笔、线条、圆形、矩形或刷子等工具绘制，也可以借助复制笔触生成。

3. 创建运动引导动画的方法

① 创建有传统补间动画的动画序列。

② 使用鼠标右键单击包含传统补间的图层名称，在弹出的快捷菜单中选择"添加传统运动引导层"命令，Flash 会在传统补间图层上方添加一个运动引导层，该图层名称的左侧有一个运动引导层图标 。包含传统补间动画的图层成为被引导层，在运动引导层的下方以缩进的形式与引导层链接在一起，效果如图 4-12 所示。

③ 在运动引导层上绘制所需的路径。

④ 在被引导层上拖动要补间的对象，使其贴紧至第一帧中路径的开头，然后将其拖动到最后一帧的末尾。

4. 将图层链接到运动引导层

要使用已有的引导路径创建动画，可执行下列操作之一：

- 将现有图层拖到运动引导层的下面，使该图层在运动引导层下面以缩进形式显示。
- 在运动引导层下面创建一个新图层，将其拖到运动引导层的下面。

5. 断开图层和运动引导层的链接

要把被引导层转换为一般层，可先选择要断开链接的图层，然后执行下列操作之一：

- 拖动到运动引导层的上面或向时间轴面板的左下方空白处拖动。
- 执行"修改→时间轴→图层属性"菜单命令，然后选择"一般"作为图层类型。如果没有任何图层和运动引导层链接在一起，它会成为普通引导层，图标变为 ✎。

6. 运动引导动画制作技巧

（1）调整到路径

创建补间动画时，如果选择了补间属性面板上的"调整到路径"，补间元素的基线就会调整到运动路径，运动对象会根据路径形状调整角度，使动画效果更加逼真。在图 4-13 中，右图选择了"调整到路径"属性，左图则没有使用该属性。

图 4-13　是否使用"调整到路径"属性的运动轨迹比较

（2）对齐元件到路径

- 选择"补间"属性面板上的"贴紧"选项，补间元素的注册点会主动吸附到路径。
- 如果元件为不规则的形状，可以使用"任意变形工具"来调整注册点，通过调整元件的注册点能获得最好的对齐效果。
- 如果对齐时没有吸附感，可以激活工具栏中的"贴紧至对象"按钮 ⋒。当元件对齐到路径上的时候，注册点处的圆圈会变大，拖动元件会有一种吸附的感觉。
- 单击工具栏里面的"缩放工具"放大场景，可以更清楚地看到元件中的小圆圈，方便实现对齐。

（3）使用路径技巧

- 路径必须是连续、不间断的。
- 当使用填充形状作为路径时，元件会沿着形状的边缘运动。
- 对象运动时会选择开始点与结束点之间的最短路径。如果路径的形状是完全封闭的，如圆形，对象的运动方向往往与制作意图不符，无法按照圆形路径的形状完成圆周运动。这时只需把封闭路径擦出一个小缺口就可以了。

- 运动引导线在动画发布时是看不到的，所以引导线的颜色可以随意设置。

江南水乡——遮罩动画

案例描述

通过设置遮罩，制作江南水乡的风景展示动画，效果如图4-14所示。

图4-14 "江南水乡"动画效果

案例分析

- 以琵琶面板部分的圆弧形区域作为遮罩层，以风景及人物的图像作为被遮罩层。
- 利用补间动画实现被遮罩层风景及人物的透明度、大小及位置的变化。

操作步骤

1. 新建Flash文档，按组合键【Ctrl+S】保存文件，命名为"江南水乡.fla"。

2. 把"图层1"重命名为"背景"，执行"文件→导入→导入到舞台"菜单命令，导入图片素材"背景.jpg"至舞台，将其缩放到与舞台相同尺寸。选中"背景"图层的第300帧，按【F5】键插入帧。锁定该图层。

3. 在"背景"图层之上创建新图层，命名为"琵琶"。导入图片素材"琵琶.png"至舞台，将其调整到合适的大小及位置，效果如图4-15所示。

4. 在"琵琶"图层之上创建新图层，命名为"遮罩"。利用"线条工具"和"颜料桶工具"绘制如图4-16所示的图形（图形的填充颜色任意）。

图 4-15　琵琶的位置及大小

图 4-16　遮罩层绘制的图形

5．按组合键【Ctrl+F8】新建图形元件，命名为"风景"，执行"文件→导入→导入到舞台"菜单命令，导入素材"风景.jpg"。返回场景 1，用同样的方法，新建名为"人物"的图形元件，并将素材"人物.jpg"导入舞台中。

6．返回场景 1，在"遮罩"层的下方创建新图层，命名为"被遮罩"层。选中"被遮罩"层的第 1 帧，将"风景"元件拖动到舞台中，并调整合适的大小及位置，效果如图 4-17所示。

7．在"被遮罩"层的第 70 帧、140 帧的位置分别插入关键帧。选中第 1 帧中"风景"元件，将元件的 Alpha 值调整为 0%。选中 140 帧中的元件，调整其大小及位置，效果如图 4-18 所示。

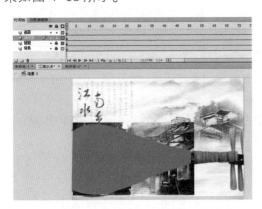

图 4-17　第 1 帧元件的放置效果

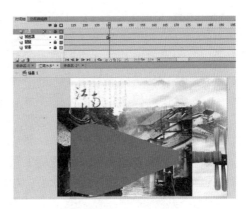

图 4-18　第 140 帧元件的放置效果

8．选择第 1～70 帧之间的任一帧，单击鼠标右键，执行"创建传统补间"菜单命令。用同样的方法，在 70～140 帧中间创建传统补间。

9．在"被遮罩"层的第 150 帧插入关键帧，选中"风景"元件，单击鼠标右键，执行"交换元件"菜单命令，将"风景"元件交换为"人物"元件，参考图 4-17 所示效果调整其大小及位置。

10．分别在第 220 帧、290 帧位置插入关键帧。选中第 150 帧中的"人物"元件，将元件的 Alpha 值调整为 0%。选中 290 帧中的"人物"元件，参考图 4-18 所示效果调整其大小及位置。

11．分别在 150～220 帧、220～290 帧中间创建传统补间。

12．在"遮罩"层名称上单击鼠标右键，选择"遮罩层"命令，此时"被遮罩"层会

111

自动缩进，效果如图 4-19 所示。

图 4-19　遮罩效果

13．按组合键【Ctrl+S】保存文件，按组合键【Ctrl+Enter】测试影片，播放效果如图 4-14 所示。

4.3　遮罩动画

使用遮罩，可以在 Flash 中创造很多华丽的效果。遮罩项目就像一个窗口，透过它可以看到位于它下面的被遮罩区域。除了透过遮罩项目看到的内容之外，其余的内容都被隐藏起来。在发布的影片中，遮罩层上的任何内容都不会显示。

用作遮罩的项目可以是填充的形状、传统文本对象、图形元件或影片剪辑的实例。Flash会忽略遮罩层中的位图、渐变、透明度、颜色和线条样式。对于被遮罩层来说，遮罩层中的任何填充区域都是完全透明的；而任何非填充区域都是不透明的，不会出现半透明的区域。线条不可以被用来制作遮罩层，要应用线条，可先将它转换为填充。

将多个图层链接在一个遮罩图层下可以创建复杂的遮罩效果。若要创建动态遮罩效果，可以在遮罩层或被遮罩层中应用动画，或对二者同时应用动画。

提示：一个遮罩层只能包含一个遮罩项目。遮罩层不能在按钮内部，也不能将一个遮罩应用于另一个遮罩。不能对遮罩层上的对象使用 3D 工具，包含 3D 对象的图层也不能用作遮罩层。

1．创建遮罩层

创建遮罩层的操作方法如下。

① 选择或创建一个图层，在其中放置填充形状、文字或元件的实例。（遮罩层会自动链接下方紧贴着它的图层，因此应选择正确的位置创建遮罩层）

② 使用鼠标右键单击时间轴中的遮罩层名称，在弹出的快捷菜单中选择"遮罩"命令。图层左侧会出现一个遮罩层图标，表示该层为遮罩层。紧贴它下面的图层自动链接到遮罩层，其内容会透过遮罩上的填充区域显现出来。被遮罩的图层名称以缩进形式显示，图标变为。设置遮罩后的图层效果如图 4-20 所示。

图 4-20 设置遮罩后的图层效果

2. 创建被遮罩层

可执行下列操作之一来创建被遮罩层。

- 将现有的图层直接拖到遮罩层下面。
- 在遮罩层下面创建一个新图层，执行"修改→时间轴→图层属性"菜单命令，然后选择"被遮罩"图层类型。

3. 断开图层和遮罩层的链接

可执行下列操作之一来断开图层和遮罩层的链接：

- 将图层拖到遮罩层的上面或向时间轴面板的左下方空白处拖动。
- 执行"修改→时间轴→图层属性"菜单命令，然后选择"一般"图层类型。

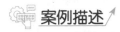

案例 13　动感相册——3D 动画

案例描述

通过设置文本和元件实例的 3D 属性，制作富有空间透视感的"动感相册"效果，如图 4-21 所示。

图 4-21 "动感相册"动画效果

🕐 **案例分析** ↗

- 创建 TLF 文本 "Super Model"，制作文本 3D 平移及 3D 旋转的动画效果。
- 创建影片剪辑，制作影片剪辑在 X、Y、Z 轴平移以及绕 X 轴、Y 轴旋转的 3D 动画。

💿 **操作步骤** ↗

1. 新建 Flash 文档，设置舞台宽为 800 像素；高为 500 像素；类型为 ActionSpript 3.0，按组合键【Ctrl+S】保存文件，命名为 "动感相册.fla"。

2. 将图层 1 命名为 "背景"，选择 "矩形工具"，绘制一个与舞台大小相同的矩形；打开颜色面板，设置由深红（#660000）到黑色（#000000）的 "径向渐变"，利用 "颜料桶工具" 为矩形填充渐变色。

3. 设置笔触颜色为 #ff9966；Alpha 值为 35%，如图 4-22 所示。选择 "直线工具"，设置笔触高度为 0.1，按住【Shift】键，在背景层上绘制两条直线，效果如图 4-23 所示。在图层的 165 帧处按【F5】键插入帧。

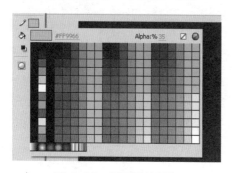

图 4-22　设置笔触颜色

图 4-23　直线绘制效果

4. 在 "背景" 层之上新建图层，命名为 "文字"。创建 TLF 文本 "Super Model"，设置字符的属性为 Times New Roman；大小为 81。为文本添加 "发光" 滤镜，设置参数为模糊 X，20；模糊 Y，20；强度，160；品质，低；颜色，#FFFFFF；勾选 "挖空" 选项。

5. 把设置好的文本拖放到舞台左上角，效果如图 4-24 所示。在文本上单击鼠标右键，在弹出的菜单中选择 "创建补间动画" 命令。选择第 24 帧，执行 "插入→时间轴→关键帧" 菜单命令。将播放头移至第 1 帧，选择 "3D 平移工具" 🪛，然后单击文本，文本对象的 X、Y 和 Z 三个轴显示在文本的上方。X 轴为红色、Y 轴为绿色，而 Z 轴为黑色圆点。分别向右、向上拖动 X 轴和 Y 轴控件，将文本移出舞台，效果如图 4-25 所示。

图 4-24　文本效果

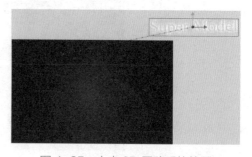

图 4-25　文本 3D 平移后的效果

6. 选择"3D 旋转工具"，单击第 1 帧中的文本，打开"变形"面板，设置"3D 旋转"的 Y 值为−50°，效果如图 4-26 所示。

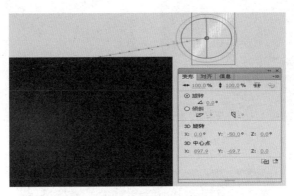

图 4-26　文本 3D 旋转的设置效果

7. 新建三个影片剪辑元件，分别命名为"人物 1"、"人物 2"、"人物 3"，并且将素材库中"人物 1.jpg"、"人物 2.jpg"、"人物 3.jpg"图片素材分别导入相应的影片剪辑元件中。

8. 在"背景"图层之上新建 3 个图层，从上到下依次命名为"人物 1"、"人物 2"、"人物 3"。同时选中三个图层的第 24 帧，执行"插入→时间轴→关键帧"菜单命令。将三个影片剪辑分别放置在相应名称的图层上，并调整其大小及位置，时间轴效果如图 4-27 所示，影片剪辑的排列效果如图 4-28 所示。

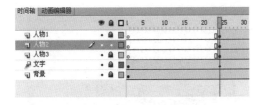

图 4-27　时间轴效果

图 4-28　3D 影片剪辑的排列效果

9. 选中"人物 1"图层中的第 45 帧，按【F6】键插入关键帧。选中舞台中的"人物 1"影片剪辑，单击鼠标右键，在弹出的快捷菜单中选择"创建补间动画"命令。在该图层的 65 帧处，按【F6】键插入关键帧。选择"3D 旋转工具"，单击第 65 帧中的"人物 1"影片剪辑，将"3D 旋转控件"移动到如图 4-29 所示的位置。打开"变形"面板，设置"3D 旋转"的 Y 值为 90°，效果如图 4-30 所示。删除该图层 65 帧之后所有的帧。

10. 选中"人物 2"图层中的第 65 帧，按【F6】键插入关键帧。选中舞台中的"人物 2"影片剪辑，单击鼠标右键，在弹出的快捷菜单中选择"创建补间动画"命令。在该图层的 85 帧处，按【F6】键插入关键帧。选择"3D 平移工具" ⚓，单击"人物 2"影片剪辑，X、Y 和 Z 三个轴显示在影片剪辑的上方。分别向左、向上、向前拖动 X 轴、Y 轴和 Z 轴的控件，将影片剪辑调整到如图 4-31 所示的位置。

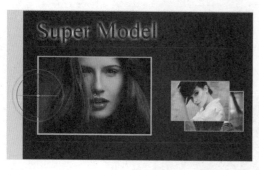

图 4-29   "3D 旋转控件"位置   图 4-30   图片 3D 旋转的设置效果

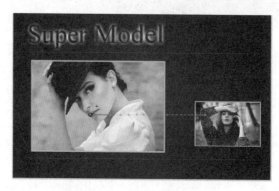

图 4-31   3D 平移后的效果

11．在"人物 2"图层的第 105 帧插入关键帧，选择"3D 旋转工具"，单击"人物 2"影片剪辑，打开"变形"面板，设置"3D 旋转"的 Y 值为 180°，效果如图 4-32 所示。设置 85 帧处"3D 旋转"的 Y 值为 0°，效果如图 4-33 所示。

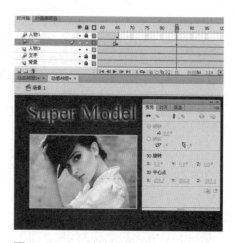

图 4-32   105 帧处"3D 旋转"设置效果   图 4-33   85 帧处"3D 旋转"设置效果

12．在"人物 2"图层的第 115 帧插入关键帧，将"人物 2"影片剪辑向左平移出舞台。删除该图层 115 帧之后所有的帧。

13．选中"人物 3"图层中的第 115 帧，按【F6】键插入关键帧。选中舞台中的"人物 3"影片剪辑，单击鼠标右键，在弹出的快捷菜单中选择"创建补间动画"命令。在该图层的 135 帧处，按【F6】键插入关键帧。选择 "3D 平移工具" ，单击 "人物 3" 影片剪辑，分别向左、向上、向前拖动 X 轴、Y 轴和 Z 轴的控件，将影片剪辑调整到如图 4-34 所示的位置。

14．在 "人物 3" 图层的第 155 帧插入关键帧，选择 "3D 旋转工具"，单击 "人物 3" 影片剪辑，打开 "变形" 面板，设置 "3D 旋转" 的 X 值为 180^0，效果如图 4-35 所示。设置 135 帧处 "3D 旋转" 的 X 值为 0^0，效果如图 4-36 所示。

图 4-34　135 帧处 "3D 平移" 的设置效果

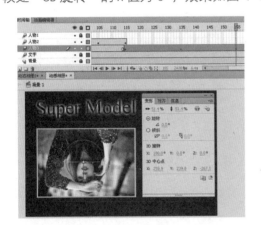

图 4-35　155 帧处 "3D 旋转" 设置效果

图 4-36　135 帧处 "3D 旋转" 设置效果

15．在 "人物 3" 图层的第 165 帧插入关键帧，将 "人物 3" 影片剪辑向下平移出舞台。

16．按组合键【Ctrl+S】保存文件，然后按组合键【Ctrl+Enter】测试影片。编辑完成后播放效果，如图 4-21 所示。

4.4　制作 3D 动画

1. Flash 中的 3D

Flash 通过在舞台的 3D 空间中移动和旋转影片剪辑或 TLF 文本对象，可以创建 3D 效果。Flash 使用三个轴（X 轴、Y 轴、Z 轴）来描述空间。X 轴水平穿越舞台，并且左边缘的 $X=0$；Y 轴垂直穿越舞台，并且上边缘的 $Y=0$；Z 轴则进/出舞台平面（朝向或离开观众），并且舞台平面上的 $Z=0$。

通过使对象沿 X 轴移动或使其围绕 X 轴或 Y 轴旋转，可以为对象添加 3D 透视效果；若要使对象看起来离观察者更近或更远，可以沿 Z 轴移动对象；若要使对象看起来与观察者之间形成某一角度，可绕 Z 轴旋转对象。各种效果如图 4-37～图 4-40 所示。

3D 平移和 3D 旋转工具都允许在全局 3D 空间或局部 3D 空间中操作对象。全局 3D 空间就是舞台空间。全局变形和平移与舞台相关。局部 3D 空间即为影片剪辑空间。局部变形和平移与影片剪辑空间相关。3D 平移和旋转工具的默认模式是全局模式。若要在局部模式中使用这些工具，可单击工具面板 "选项" 中的 "全局" 切换按钮 。在使用 3D 工具进行拖动的同时按【D】键可以临时从全局模式切换到局部模式。

图4-37　未变形

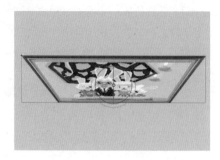

图4-38　绕 X 轴旋转

图4-39　沿 Y 轴移动

图4-40　绕 Z 轴旋转、沿 Z 轴移动

使用 Flash 的 3D 功能，必须保证 FLA 文件的发布设置为 Flash Player10 和 ActionScript 3.0。

2．3D 平移工具

可以使用"3D 平移工具" 在 3D 空间中移动对象。使用该工具选择对象后，对象的 X 轴、Y 轴和 Z 轴三个轴将显示在它的顶部。X 轴为红色、Y 轴为绿色，而 Z 轴为黑圆点，如图 4-41 所示。

在 Z 轴上移动对象时，对象的外观尺寸将发生变化。外观尺寸在属性面板中显示为属性面板的"3D 定位和查看"部分中的"宽度"和"高度"值。这些值是只读的。

使用 3D 平移工具在 3D 空间中移动对象的方法如下：

（1）移动单个对象

① 在工具面板中选择"3D 平移工具"。

② 将该工具设置为局部或全局模式。通过选中工具面板"选项"中的"全局"切换按钮，确保该工具处于所需模式。单击该按钮或按【D】键可切换模式。

③ 用"3D 平移工具"选择一个对象。

④ 若要通过拖动来移动对象，可将指针移动到 X 轴、Y 轴或 Z 轴控件上。指针在经过任一控件时都将发生变化。X 和 Y 轴控件是每个轴上的箭头，按控件箭头的方向拖动其中一个控件可沿所选轴移动对象，如图 4-42 所示。Z 轴控件是影片剪辑中间的黑点，上下拖动 Z 轴控件可在 Z 轴上移动对象。

⑤ 若要使用属性面板移动对象，可在属性面板的"3D 定位和查看"部分中输入 X、Y 或 Z 的值，如图 4-43 所示。

（2）同时移动多个对象

当选择了多个对象时，可以使用"3D 平移工具"移动其中一个选定对象，其他对象将以相同的方式移动，如图 4-44 所示。

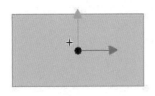

图 4-41　3D 平移工具的轴控件

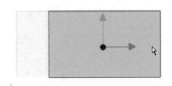

图 4-42　通过拖动移动对象

图 4-43　通过"3D 定位和查看"移动对象

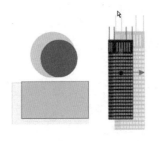

图 4-44　沿 Z 轴同时移动多个对象

- 若要在全局 3D 空间中以相同方式移动组中的每个对象，可将 3D 平移工具设置为全局模式，然后用轴控件拖动其中一个对象。按住【Shift】键并双击其中一个选中对象可将轴控件移动到该对象。
- 若要在局部 3D 空间中以相同方式移动组中的每个对象，可将"3D 平移工具"设置为局部模式，然后用轴控件拖动其中一个对象。按住【Shift】键并双击其中一个选中对象可将轴控件移动到该对象。

通过双击 Z 轴控件，也可以将轴控件移动到多个所选对象的中间。按住【Shift】键并双击其中一个选中对象可将轴控件移动到该对象。

3．3D 旋转工具

使用"3D 旋转工具" 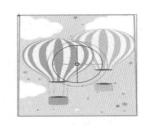 可以在 3D 空间中旋转对象。3D 旋转控件出现在舞台上的选定对象之上。X 控件为红色、Y 控件为绿色、Z 控件为蓝色。使用橙色的自由旋转控件可同时绕 X 和 Y 轴旋转，如图 4-45 所示。

图 4-45　3D 旋转工具的轴控件

使用"3D 旋转工具"在 3D 空间中旋转对象的方法如下：

（1）旋转单个对象

① 在工具面板中选择"3D 旋转工具"。

通过选中工具面板"选项"中的"全局"切换按钮，验证该工具是否处于所需模式。单击该按钮或按【D】键可在全局模式和局部模式之间切换。

② 在舞台上选择一个对象。

3D 旋转控件将显示为叠加在所选对象上。如果这些控件出现在其他位置，可双击控件的中心点以将其移动到选定的对象。

③ 将指针放在四个旋转轴控件之一上。指针在经过四个控件中的一个控件时将发生变化。

④ 拖动一个轴控件绕该轴旋转，或拖动自由旋转控件（外侧橙色圈）同时绕 X 和 Y 轴旋转。

左右拖动 X 轴控件可绕 X 轴旋转；上下拖动 Y 轴控件可绕 Y 轴旋转；拖动 Z 轴控件进行圆周运动可绕 Z 轴旋转。

（2）同时旋转多个对象

① 在工具面板中选择"3D 旋转工具"。

通过选中工具面板"选项"中的"全局"切换按钮，验证该工具是否处于所需模式。单击该按钮或按【D】键可在全局模式和局部模式之间切换。

② 在舞台上选择多个对象，3D 旋转控件将显示为叠加在最近所选的对象上。

③ 将指针放在四个旋转轴控件之一上。指针在经过四个控件中的一个控件时将发生变化。

④ 拖动一个轴控件绕该轴旋转，或拖动自由旋转控件（外侧橙色圈）同时绕 X 和 Y 轴旋转。

左右拖动 X 轴控件可绕 X 轴旋转。上下拖动 Y 轴控件可绕 Y 轴旋转。拖动 Z 轴控件进行圆周运动可绕 Z 轴旋转。所有选中的影片剪辑都将绕 3D 中心点旋转，该中心点显示在旋转控件的中心。

图 4-46　通过变形面板旋转对象

（3）使用变形面板旋转选中对象

① 打开变形面板。

② 在舞台上选择一个或多个对象。

③ 在变形面板中"3D 旋转"的 X、Y 和 Z 字段中输入所需的值以旋转选中对象。这些字段包含热文本，因此可以拖动这些值以进行更改，如图 4-46 所示。

移动"旋转中心点"可以控制旋转对于对象及其外观的影响。若要重新定位 3D 旋转控件中心点，可执行以下操作之一：

● 若要将中心点移动到任意位置，可拖动中心点。
● 若要将中心点移动到一个选定的对象的中心，可按住【Shift】键并双击该对象。
● 若要将中心点移动到选中对象组的中心，可双击该中心点。
● 所选对象的旋转控件中心点的位置在变形面板中显示为"3D 中心点"属性。可以在"变形"面板中修改中心点的位置。

4．调整透视角度

如果舞台上有多个 3D 对象，则可以通过调整 FLA 文件的"透视角度"和"消失点"属性将特定的 3D 效果添加到所有对象（这些对象作为一组）。

FLA 文件的透视角度属性可控制 3D 对象视图在舞台上的外观视角。增大或减小透视角度将影响 3D 对象的外观尺寸及其相对于舞台边缘的位置。增大透视角度可使 3D 对象看起来更接近观察者，减小透视角度属性可使 3D 对象看起来更远，效果与通过镜头更改视角的照相机镜头缩放类似。

透视角度属性会影响应用了 3D 平移或旋转的所有对象，而不会影响其他对象。默认透视角度为 55° 视角，类似于普通照相机的镜头，其值的范围为 1° ～180°。不同透视角度效果如图 4-47 和图 4-48 所示，图中左侧对象未应用变形，所以不受视角影响。

图 4-47　透视角度为 55⁰的舞台　　　　　图 4-48　透视角度为 150⁰ 的舞台

若要在属性面板中查看或设置透视角度，必须在舞台上选择一个 3D 对象。对透视角度所做的更改在舞台上立即可见。

透视角度在更改舞台大小时自动更改，以便 3D 对象的外观不会发生改变。若要设置透视角度，可执行以下操作：

① 在舞台上，选择一个应用了 3D 旋转或平移的对象。

② 在属性面板中的"透视角度"字段中输入一个新值，或拖动热文本以更改该值。

5．调整消失点

消失点属性具有在舞台上平移 3D 对象的效果。FLA 文件中所有 3D 对象的 Z 轴都朝着消失点后退，通过调整消失点的位置，可以更改沿 Z 轴平移对象时对象的移动方向，从而精确控制舞台上 3D 对象的外观和动画。

例如，如果将消失点定位在舞台的左上角（0，0），则增大影片剪辑的 Z 属性值可使影片剪辑远离观察者并向着舞台的左上角移动。

消失点是一个文档属性，它会影响应用了 Z 轴平移或旋转的所有对象。消失点不会影响其他对象。消失点的默认位置是舞台中心。如果调整舞台的大小，消失点不会自动更新。要保持由消失点的特定位置创建的 3D 效果，需要根据新舞台大小重新定位消失点。

若要在属性面板中查看或设置消失点，必须在舞台上选择一个 3D 对象。对消失点进行的更改在舞台上立即可见。

调整消失点，可执行以下操作：

① 在舞台上，选择一个应用了 3D 旋转或平移的对象。

② 在属性面板中的"消失点"字段中输入一个新值，或拖动热文本以更改该值。拖动热文本时，指示消失点位置的辅助线显示在舞台上。

③ 若要将消失点移回舞台中心，可单击属性面板中的"重置"按钮。

调整消失点前后的舞台效果如图 4-49 和图 4-50 所示。

图 4-49　使用默认消失点　　　　　图 4-50　消失点调整到舞台左下角（虚线交叉点）

健美先生——骨骼动画

案例描述

通过为形状添加骨骼，然后定义不同姿势，制作健美先生在舞台上表演的动画，效果如图4-51所示。

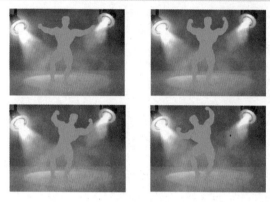

图4-51 "健美先生"动画效果

案例分析

- 通过为形状添加骨骼，定义不同的姿势，创建骨骼动画。
- 通过控制特定骨骼的运动自由度、设置"缓动"、"弹簧"属性，创建人物的逼真运动。
- 通过修改形状控制点，保证变形的完美形态。

操作步骤

1. 新建Flash文档，按【Ctrl+S】组合键保存文件为"健美先生.fla"。

2. 重命名图层1为"背景"。执行"文件→导入→导入到舞台"菜单命令，导入图片"舞台.jpg"。新建图层，命名为"人"，将素材文件夹中的"man.swf"导入舞台，效果如图4-52所示。

图4-52 舞台与时间轴效果

3. 选择舞台上的人物，按【Ctrl+B】组合键将其分离。选择"骨骼工具" ，按住鼠标左键，从人物的腰部中间位置向上拖动到颈部以下位置，放开鼠标。这时 Flash 自动创建了一个新图层"骨架_2"，人物被移动到了新图层，同时创建了一条骨骼，如图 4-53 所示。

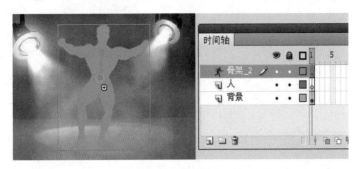

图 4-53　添加骨骼的舞台与时间轴效果

4. 使用"骨骼工具"，从已有骨骼末端（较细端）的圆点中心开始拖动鼠标，创建骨骼。在颈部以下和腰部需要创建分支的骨骼。创建完成的骨架结构如图 4-54 所示。

5. 在"背景"层的第 200 帧插入帧。在"骨架_2"层的第 40 帧上单击鼠标右键，在弹出的菜单中选择"插入姿势"菜单命令。单击肩膀部位的一段骨骼，在属性面板中，取消选中"联接：旋转"下的"启用"复选框。这时所选骨骼根部的圆圈会消失，如图 4-55 所示。使用"选择工具"分别拖动两手骨骼的末端圆心，调整成如图 4-56 所示的姿势。

图 4-54　完成的骨架结构

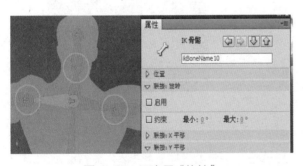

图 4-55　不启用"旋转"

图 4-56　第 40 帧的姿势

6. 在"骨架_2"层第 1～40 帧间的任一帧上单击，在属性面板设置"缓动"的"类型"为"简单（最快）"，"强度"为 50，如图 4-57 所示。单击左小臂的骨骼，再按【Shift】键的同时单击右小臂的骨骼，然后在属性面板设置"弹簧"属性的"强度"为 80，"阻尼"为 15，如图 4-58 所示。

7. 在"骨架_2"层的第 80 帧上单击鼠标右键，在弹出的菜单中选择"插入姿势"命令。向右拖动上半身骨架分支处的圆心，调整成如图 4-59 所示的姿势。在第 120 帧上单击鼠标右键，在弹出的菜单中选择"插入姿势"命令。向左拖动上半身骨架分支处的圆心，调整成如图 4-60 所示的姿势。

图 4-57 设置"缓动"属性

图 4-58 设置"弹簧"属性

图 4-59 第 80 帧的姿势

图 4-60 第 120 帧的姿势

8．在"骨架_2"层的第 160 帧上单击鼠标右键，在弹出的菜单中选择"插入姿势"命令。向左拖动上半身骨架分支处的关节圆心，然后拖动左脚踝处的关节圆心，调整成如图 4-61 所示的姿势。这时，人物腰部的右侧出现了一处尖锐的突起。这是一处错误的变形，如图 4-62 所示。

图 4-61 第 160 帧的姿势

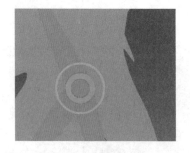

图 4-62 错误的变形

9．使用"部分选取工具"单击人物图形的边缘，显示人物的轮廓和控制点，如图 4-63 所示。选择突起顶端的控制点，按【Delete】键删除，修改后的效果如图 4-64 所示。

图 4-63 显示控制点

图 4-64 修改后的效果

10. 选择腰部以上的第一段骨骼, 在属性面板中取消选中 "联接: 旋转" 下的 "启用" 复选框; 选择 "联接: X 平移" 下的 "启用" 复选框和 "约束" 复选框, 设置 "最小" 为 0, 最大为: 50, 如图 4-65 所示。拖动选中状态的骨骼, 向右平移骨架到约束范围的最右端, 如图 4-66 所示。

图 4-65　约束 "X 平移"　　　　　　　　　图 4-66　向右平移骨架

11. 按组合键【Ctrl+S】保存文件, 然后按组合键【Ctrl+Enter】测试影片。播放效果如图 4-51 所示。

案例 15　人物行走——骨骼动画

案例描述

通过为元件添加骨骼, 然后定义不同姿势, 制作 "人物行走" 的动画, 效果如图 4-67 所示。

图 4-67　"人物行走" 动画效果

案例分析

● 　案例提供的人物素材, 其身体分离后的各部分为图形元件。

● 新建"人物行走"的影片剪辑，将人物素材移动到剪辑舞台并分离。

● 通过为分离后的元件添加骨骼，定义不同的姿势，创建骨骼动画。

● 将"人物行走"的影片剪辑放置到舞台中，制作从右到左的传统补间动画。

操作步骤

1. 打开"人物行走素材.fla"文件，执行"窗口→库"菜单命令，打开库面板。

2. 重命名"图层1"为"背景"。将库中"背景"元件拖动到舞台中，打开对齐面板，调整元件的大小及位置，与舞台匹配。在"背景"层第200帧，按【F5】键插入帧。

3. 执行"插入→新建元件"菜单命令，新建名为"人物行走"的影片剪辑。

4. 将库中的"人物"元件拖动到剪辑舞台中。选择该元件，按组合键【Ctrl+B】将其分离。

5. 为了便于添加骨骼，利用"选择工具"将人物分离的各元件拖离开一定的距离，效果如图4-68所示。利用"任意变形工具"，调整各元件变形点的位置，效果如图4-69所示。

图4-68　各部分元件拖离后的效果

图4-69　各元件变形点的位置

6. 执行"编辑→首选参数"菜单命令，在打开的"首选参数"对话框的"绘画"类别中，取消对"自动设置变形点"的选择（便于利用"骨骼工具"绘制骨骼时，自动对齐元件的变形点），如图4-70所示。

图4-70　"首选参数"设置对话框

7. 选择"骨骼工具" ，按住鼠标左键，从人物的肩部变形点位置向上拖动到头部，放开鼠标，骨骼自动对齐头部的变形点。这时Flash自动创建了一个新图层"骨架_2"，人物的头部及上身元件被移动到了新图层，同时创建了一条骨骼，效果如图4-71所示。

8．使用"骨骼工具"，从已有骨骼头部（较粗端）的圆点中心开始拖动鼠标继续创建分支骨骼，创建完成的骨架结构如图 4-72 所示。

9．使用"任意变形工具"拖动人物身体的各元件进行重组，组合的过程中注意各变形点的对齐，各身体元件组合之后的效果如图 4-73 所示。

图 4-71　添加骨骼后的舞台与时间轴效果

图 4-72　完成的骨架结构　　　　　　图 4-73　各身体元件重新组合

10．选择人物的右臂，单击鼠标右键，在打开的如图 4-74 所示的快捷菜单中选择"排列→移至底层"命令，将右臂元件移至底层。借助"排列"菜单的其他选项，依次调整人物各部分元件的排列层次，调整完成后的效果如图 4-75 所示。

图 4-74　"排列"菜单　　　　　　　图 4-75　调整排列层次后的效果

11．分别在"骨架_2"层的第 15、30 帧上单击鼠标右键，在弹出的菜单中选择"插入姿势"命令。选中第 15 帧，使用"选择工具"分别拖动两手臂，使其绕肩部关节圆点旋转，交换两手臂的摆动位置。继续使用"选择工具"调整人物双腿的位置。最后为了表现人物行走时身体的起伏效果，选中人物上半身，适当向下拖动一定位置。调整之后第 1、15、30 帧的姿势如图 4-76 所示（如想得到更加形象逼真的人物行走效果，可插入更多的姿势，进行更细致的调整）。

图 4-76　第 1 帧、15 帧、30 帧姿势比较

12．返回场景，在"背景"图层的上方新建"人物"图层。从库中将"人物行走"的影片剪辑拖动到舞台右侧，如图 4-77 所示。在该图层的 200 帧按【F6】键插入关键帧，将"人物行走"的影片剪辑拖动到舞台的左侧，如图 4-78 所示。选择第 1～200 帧之间的任一帧，单击鼠标右键，在弹出的菜单中选择"创建传统补间"命令。

图 4-77　第 1 帧放置位置

图 4-78　第 200 帧放置位置

13．按【Ctrl+Shift+S】组合键将文件另存为"人物行走.fla"，然后按【Ctrl+Enter】组合键测试影片。播放效果如图 4-67 所示。

4.5　骨骼动画

1．反向运动

反向运动（IK）是一种使用骨骼对对象进行动画处理的方式，只需指定对象的开始位置和结束位置即可创建动画。使用骨骼，只需做很少的设计工作，元件实例和形状对象就可以按复杂而自然的方式移动。当一个骨骼移动时，与之相关联的其他骨骼也会移动。

骨骼链称为骨架。在父子层次结构中，骨架中的骨骼彼此相连。骨架可以是线性的或分支的，如图 4-79 和图 4-80 所示。源于同一骨骼的骨架分支称为同级。每个骨骼都具有头部（圆端）和尾部（尖端）。骨骼之间的连接点称为关节。

图 4-79　骨骼的线性链

图 4-80　骨骼的分支结构

　　添加骨骼时，Flash 会将实例或形状以及关联的骨架移动到时间轴中的新图层，并保持舞台上的对象原堆叠顺序。该新图层称为姿势图层，每个姿势图层只能包含一个骨架及其关联的实例或形状。

　　若要使用反向运动，FLA 文件必须在"发布设置"对话框的 Flash 选项卡中将 ActionScript 3.0 指定为"脚本"。

2. 向元件实例添加骨骼

　　可以向影片剪辑、图形和按钮实例添加 IK 骨骼。添加骨骼之前，元件实例可放置在同一个图层或不同图层中，添加骨骼时，Flash 会将它们移动到新图层。

　　向元件实例添加骨骼的具体操作步骤如下：

　　① 在舞台上创建元件实例。

　　② 从工具面板中选择"骨骼工具" 。

　　③ 使用"骨骼工具"单击要成为骨架根部的元件实例，然后拖动到想要链接的元件实例上。在拖动时，将显示骨骼。释放鼠标后，在两个元件实例之间将显示实心的骨骼。

　　④ 要创建分支骨架，可单击希望分支开始的现有骨骼的头部，然后进行拖动以创建新分支的第一个骨骼。

　　提示：利用"骨骼工具"进行元件链接时，如果希望骨骼自动对齐到元件的变形点，可以执行"编辑→首选参数"菜单命令，在打开的"首选参数"对话框的"绘画"类别中取消对"自动设置变形点"选项的选择。

3. 向形状添加骨骼

　　可以向单个形状或一组形状添加骨骼，也可以向在"对象绘制"模式下创建的形状添加骨骼。在添加第一个骨骼之前必须选择所有形状。添加骨骼后，Flash 会将形状转换为 IK 形状，并将其移动到新的姿势图层，它无法再与 IK 形状外的其他形状合并，也不能使用"任意变形工具"编辑。

　　向形状添加骨骼的具体操作步骤如下：

　　① 在舞台上创建填充的形状。

　　② 选择所有形状。

　　③ 在工具面板中选择"骨骼工具"。

　　④ 使用"骨骼工具"在形状内单击并拖动到形状内的其他位置。

　　⑤ 要添加其他骨骼，可从第一个骨骼的尾部拖动到形状内的其他位置。

　　⑥ 要创建分支骨架，可单击希望分支开始的现有骨骼的头部，然后进行拖动以创建新分支的第一个骨骼。

4. 编辑骨架和 IK 对象

创建骨骼后，可以使用多种方法编辑它们。只能在姿势图层的第一帧即包含初始姿势的帧中编辑骨架。如果已在后续帧中创建了新姿势，将无法编辑骨架，除非先删除第 1 帧之后的其他附加姿势。

首先要选择骨骼，才能编辑它，使用"选择工具"单击骨骼即可选中；按住【Shift】键单击可选择多个骨骼；双击某个骨骼，可选择骨架中的所有骨骼。默认情况下，骨骼的颜色与姿势图层的轮廓颜色相同，骨骼被选择后，将以反色显示。

(1) 重新定位骨骼及其关联的对象

- 要重新定位线性骨架，可拖动骨架中的任何骨骼。如果骨架已链接到元件实例，也可以拖动实例。
- 要重新定位骨架的某个分支，可拖动该分支中的任何骨骼。该分支中的所有骨骼都将移动，其他分支中的骨骼不会移动。
- 要将某个骨骼与其子级骨骼一起旋转而不移动父级骨骼，可按住【Shift】键并拖动该骨骼。
- 要将某个 IK 形状移动到舞台上的新位置，可选择该形状，然后在属性面板中更改其 *X* 和 *Y* 的属性。

(2) 在形状或元件内移动骨骼

- 要移动 IK 形状内骨骼任一端的位置，可使用"部分选取工具"拖动骨骼的一端。
- 要移动元件实例内的骨骼关节、头部或尾部的位置，可通过"任意变形工具"移动实例的变形点，骨骼将随变形点移动。
- 要移动单个元件实例而不移动任何其他链接的实例，可按住【Alt】键的同时拖动该实例，或者使用"任意变形工具"拖动它。

(3) 删除骨骼

- 若要删除单个骨骼及其所有子级，可单击该骨骼然后按【Delete】键。
- 要删除所有骨骼，可双击骨架中的某个骨骼全部选中它们，然后按【Delete】键。

(4) 编辑 IK 形状

使用"部分选取工具"，可以在 IK 形状中添加、删除和编辑轮廓的控制点。

- 单击形状的笔触，可显示 IK 形状边界的控制点。
- 要移动控制点，可拖动该控制点。
- 单击笔触上没有任何控制点的部分，可添加新的控制点，也可以使用工具面板中的"添加锚点工具"。
- 单击控制点，然后按【Delete】键，可删除现有的控制点，也可以使用工具面板中的"删除锚点工具"。

(5) 将骨骼绑定到控制点

默认情况下，形状的控制点连接到距离它们最近的骨骼。可以使用绑定工具 编辑单个骨骼和形状控制点之间的连接。这样就可以对笔触在各骨骼移动时如何扭曲进行控制，以获得理想的效果。可以将多个控制点绑定到一个骨骼，也可以将多个骨骼绑定到一个控制点。

用 "绑定工具" 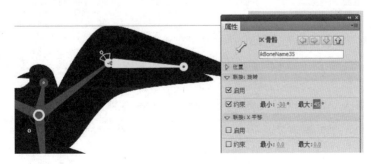 单击骨骼，选定的骨骼以红色加亮显示，已连接到该骨骼的控制点以黄色加亮显示。仅连接到一个骨骼的控制点显示为方形。连接到多个骨骼的控制点显示为三角形，如图 4-81 所示。

- 要向所选骨骼添加控制点，可按住【Shift】键的同时单击某个未加亮显示的控制点，也可以在按住【Shift】键的同时拖动选择要添加到选中骨骼的多个控制点。
- 要从骨骼中删除控制点，可按住【Ctrl】键的同时单击加亮显示的控制点，也可以在按住【Ctrl】键的同时拖动删除选定骨骼中的多个控制点。
- 要加亮显示已连接到控制点的骨骼，可使用 "绑定工具" 单击该控制点。已连接的骨骼以黄色加亮显示，而选定的控制点以红色加亮显示。
- 要向选定的控制点添加其他骨骼，可按住【Shift】键的同时单击骨骼。
- 要从选定的控制点中删除骨骼，可按住【Ctrl】键的同时单击以黄色加亮显示的骨骼。

(6) 约束骨骼的运动范围

在 Flash 中，可以通过设置骨骼的旋转和平移的范围，控制骨骼的运动自由度，创建更加逼真的动画效果。例如，可以约束手臂的两个骨骼，以使肘部不会向错误的方向弯曲。

默认情况下，Flash 会启用骨骼的旋转属性。如果要对骨骼的旋转进行约束，如只允许旋转 75^0，则可以在选择骨骼后，在属性面板的 "联接：旋转" 栏选择 "约束" 复选框，同时在 "最小" 和 "最大" 文本框中分别输入 -30^0 和 45^0。如图 4-82 所示。

默认情况下，Flash 不启用骨骼的 X、Y 平移属性。如果需要骨骼在 X 或 Y 方向上平移，也可以通过属性面板进行设置。选择骨骼后，在属性面板中展开 "联接：X 平移" 或 "联接：Y 平移" 设置栏，选中 "启用" 和 "约束" 复选框，设置 "最小" 和 "最大" 属性的值。

(7) 设置连接点速度

连接点速度是指连接点的黏性或刚度。具有较低速度的连接点反应缓慢，具有较高速度的连接点反应迅速。当拖动骨架的末端时，可以明显看出连接点的速度。如果在骨骼链上较高的位置具有缓慢的连接点，那么这些特定的连接点的反应较慢，并且其旋转角度也要比其他连接点小一些。

先选择骨骼，可在属性面板的 "位置" 栏中设置连接点的速度。如图 4-83 所示。

图 4-82 约束旋转的范围　　图 4-83 设置连接点的速度

5. 创建骨骼动画

（1）插入姿势

在 Flash 中，对 IK 骨架进行动画处理的方式与处理其他的对象不同。对于骨架，只须向姿势图层添加帧并在舞台上重新定位骨架即可创建关键帧。姿势图层中的关键帧称为姿势，在时间轴中以菱形标示，Flash 会在姿势之间的帧中自动内插骨骼的位置。姿势图层及其关键帧如图 4-84 所示。

添加姿势，可执行下列操作之一：

● 将播放头放在要添加姿势的帧上，然后在舞台上重新定位骨架。

● 用鼠标右键单击姿势图层中的帧，在弹出的菜单中选择"插入姿势"命令。

● 将播放头放在要添加姿势的帧上，然后按【F6】键。

可以随时在姿势帧中重新定位骨架或添加新的姿势帧。

（2）设置缓动属性

缓动可以通过对骨架的运动进行加速或减速，给其移动提供重力的感觉。

添加缓动的方法如下：

① 单击两个姿势之间的帧。

缓动会影响选定帧左侧和右侧的紧邻姿势之间的帧。如果选择某个姿势，则缓动会影响选中的姿势和下一个姿势之间的帧。

② 从属性面板中的"缓动"类型中选择一种类型。

可用的缓动包括四个"简单"缓动和四个"停止并启动"缓动，如图 4-85 所示。从"慢"到"最快"代表缓动的程度，"慢"的效果最不明显，"最快"的效果最明显。

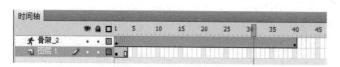

图 4-84　姿势图层及其关键帧　　　　　图 4-85　缓动面板

③ 设置缓动"强度"。默认强度是 0，即表示无缓动；负值表示缓入；正值表示缓出。

（3）设置弹簧属性

将弹簧属性添加到 IK 骨骼中，可以体现更真实的物理运动效果。

要启用弹簧属性，可选择一个或多个骨骼，并在属性面板的"弹簧"部分设置"强度"值和"阻尼"值。

● 强度：弹簧强度。值越高，创建的弹簧效果越强，弹簧就变得越坚硬。

● 阻尼：弹簧效果的衰减速率。值越高，弹簧属性减小得越快，动画结束得也越快。

（4）为 IK 对象创建其他补间效果

姿势图层不同于补间图层，无法在姿势图层中对除骨骼位置以外的属性进行补间。若要对 IK 对象的其他属性（如变形、色彩效果或滤镜）进行补间，可将骨架及其关联的对象包含在影片剪辑或图形元件中，然后再对元件的属性进行动画处理。

为 IK 对象创建其他补间效果的具体步骤如下：

① 选择 IK 骨架及其所有的关联对象。

② 用鼠标右键单击所选内容，从快捷菜单中选择"转换为元件"命令，从"类型"菜单中选择"影片剪辑"或"图形"命令，单击"确定"按钮。

③ 在主时间轴上，将该元件从库拖动到舞台，为舞台上的新元件实例添加补间动画效果。

思考与实训 4

一、填空题

1. Flash 中的"引导层"可起到_____和_____的作用。

2. _____层和_____层在发布的 SWF 影片中都不会显示。

3. 通过将图层分类放入不同的_____，可以高效地组织图层。

4. 使用_____命令，可以将图像的不同部分放置到不同图层，便于分别编辑。

5. FLA 文件的_____属性可以控制 3D 影片剪辑视图在舞台上的外观视角。

6. 使用_____和_____工具，沿着影片剪辑实例的 Z 轴移动和旋转实例，可以为实例添加 3D 透视效果。

7. 透视角度属性会影响应用了 3D 平移或旋转的所有影片剪辑实例，其默认透视角度为_____。

8. 通过使用_____可以更加轻松地创建人物动画，如胳膊、腿和面部表情等。

9. 当向元件实例或形状添加骨骼时，Flash 会将实例、或形状及其关联的骨架移动到新的图层，该图层被称为_____层。

10. 使用_____工具，可以调整骨骼与形状控制点间的连接。

二、上机实训

1. 使用提供的图片素材，制作如图 4-86 所示的放大镜效果。

2. 使用运动引导动画，制作如图 4-87 所示的蝴蝶飞舞动画效果。

图 4-86　放大镜效果

图 4-87　蝴蝶飞舞动画效果

3. 使用提供的素材，制作如图 4-88 所示的 3D 文字特效动画。

4. 使用提供的影片剪辑元件，制作龙行走的 IK 骨骼动画，参考效果如图 4-89 所示。

图 4-88　3D 文字特效动画

图 4-89　龙行走的 IK 骨骼动画参考图

模块 5

•••••应用文本

中国诗词大会——传统文本工具的使用

案例描述

使用传统文本工具，创建如图 5-1 所示系统登录效果以及动态显示效果，当按"开始"和"取消"按钮时，输出框中能即时显示不同的内容。

图 5-1　登录及动态显示效果

案例分析

- 创建"静态文本"、"动态文本"、"输入文本"三种类型的文本。
- 本案例主要练习工具箱中文本工具的使用方法，以及通过文本工具制作丰富的文字效果。

操作步骤

1. 新建 Flash 文档，选择 ActionScript 3.0 类型，在新建对话框中设定文档的宽度为 1000 像素，高度为 500 像素。按【Ctrl+S】组合键打开"另存为"对话框，选择保存路径，输入文件名"中国诗词大会"，然后单击"确定"按钮，回到工作区。

2. 执行"文件→导入→导入到库"菜单命令，将素材图片"中国诗词大会"导入库中。然后将图片拖至舞台，打开"对齐"面板，选中"与舞台对齐"复选框，设置"对齐"为"水平中齐"，"分布"为"垂直居中分布"，"匹配大小"为"匹配宽和高"。

3．将"图层1"命名为"背景"并锁定，新建图层2并命名为"文本"。

4．选择"文本工具"按钮 T，展开"属性面板"，设置"文本引擎"为"传统文本"，"文本类型"为"静态文本"、字符中的系列为"华文新魏"、大小为"80"点，文本颜色为"白色"，消除锯齿为"动画消除锯齿"，如图5-2所示。在舞台上方输入标题"飞花令"，效果如图5-3所示。

5．选择"文本工具"按钮 T，展开"属性面板"，设置"文本引擎"为"传统文本"，"文本类型"为"静态文本"、字符中的系列为"华文新魏"、大小为"40"点，文本颜色为"白色"，消除锯齿为"动画消除锯齿"，创建说明性静态文本"用户名"和"密码"，并按图5-4所示调整好位置。

图5-2 静态文本属性面板

图5-3 静态文本效果

6．选择"文本工具" T，展开"属性面板"，设置"文本引擎"为"传统文本"，"文本类型"为"输入文本"、字符中的系列为"华文新魏"、大小为"40"点，文本颜色为"白色"，消除锯齿为"使用设备字体"，将"选项"区域中"最大字符数"设为"8"，在变量框中输入变量"t1"，如图5-5所示，然后在舞台上用鼠标拖出一个矩形输入文本框。

图5-4 说明文本位置

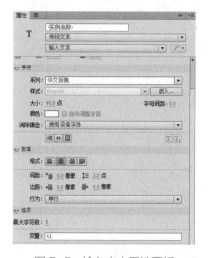

图5-5 输入文本属性面板

7．按步骤6的方法再创建一个文本类型为"输入文本"的文本输入框，并将变量名设置为"t2"，将"段落"区域中的"行为"设置为"密码"，效果如图5-6所示。

模块5 应用文本

图 5-6　输入文本框效果

8. 选择"文本工具" T，展开"属性面板"，设置"文本引擎"为"传统文本"，"文本类型"为"动态文本"、字符中的系列为"宋体"、大小为"50"点，文本颜色为"红色"，消除锯齿为"动画消除锯齿"，设置"在文本周围显示边框"按钮 为有效，将"选项"区域中的变量设置为"txt"，如图 5-7 所示。在舞台右侧拖动创建一个动态文本框。

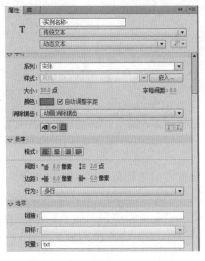

图 5-7　动态文本属性面板

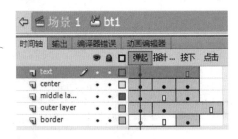

图 5-8　按钮 bt1 中文本的修改

9. 执行"窗口→公用库→Buttons"命令，打开公用库，在公用库中打开"buttons rounded"文件夹，将"rounded blue2"按钮元件拖入舞台中并调整其位置。打开"库"面板，将"rounded blue2"按钮重命名为"bt1"。

10. 双击"bt1"按钮元件对其进行编辑，在"text"层中将文字"Enter"改为"开始"，将大小设定为"20"，单击舞台左上角的 ，返回主场景。

11. 在库面板中右击"bt1"按钮元件，在弹出的快捷菜单中选择"直接复制"命令，并重命名为"bt2"，用步骤 10 中的方法，将其文字改为"取消"。将"bt2"拖至舞台，调整其位置。

12. 右击"bt1"按钮，在弹出的快捷菜单中选择"动作"命令，在"动作"面板中输入如下代码：

```
On (release){
txt="每一首诗，都是书香玉；每一念起，都是满庭芳。"
}
```

13. 运用相同的方法，对"bt2"按钮的 txt 变量赋值为"且往远方，人生自有诗意。"

14．按【Ctrl+S】组合键保存文件，按【Ctrl+Enter】组合键测试影片，输入用户名和密码登录后，单击"开始"和"取消"两个按钮，文本框中显示的内容是不同的，如图 5-1 所示。

5.1 传统文本工具

一部好的 Flash 动画离不开文字的配合，文本是 Flash 中最常使用的元素之一。在 Flash 作品中输入一段文字，就要使用"文本工具"，单击工具箱中的"文本工具"按钮 T 或按【T】键，可调用该工具。

1．传统文本类型

单击"文本工具" T，展开文本工具的属性面板，可以设置文本类型、字体大小、字体格式等有关字体的属性，传统文本类型下拉列表中提供了三种文本类型，分别为静态文本、动态文本和输入文本。

（1）静态文本

静态文本正如其名称一样，即静态的文本，是 Flash 传统文本工具默认的文本类型，它的属性面板如图 5-9 所示。

以静态文本属性面板为例，下面对一些常用属性进行简单介绍。

图 5-9　静态文本属性面板

- "文本类型"下拉列表框：可以选择 Flash 中的三种文本类型。
- "系列"下拉列表框：可以选择文本的字体。
- "嵌入"按钮 嵌入... ：为确保文件在主流的浏览器中能正常显示字体，可以嵌入文件所需字体。
- "大小"数值框：用于设置字体大小。
- "颜色"按钮 ▇ ：单击该按钮将弹出调色板，然后选择文本颜色即可。
- "字母间距"数值框：用于设置选中的字符或整个文本的字符间距。
- "字符位置"按钮 T' T₁ ：用于设置文本的位置——上标，下标。
- "可选按钮" AB ：用于设置查看 Flash 应用程序的用户是否可以选择文本、复制文本并将文本粘贴到一个独立文档中。
- "段落格式"按钮：用于设置文本段落的对齐方式。
- "段落间距"数值框：用于设置段落的缩进值与行距。
- "段落边距"数值框：用于设置段落的左边距与右边距。
- "URL 链接"文本框：用于输入链接地址。
- "滤镜"列表框：可以对文本添加滤镜。

创建静态文本时，可以将文本放在单独的一行中，该行会随着输入内容的增多而扩展，也可以将文本放在定宽字段或定高字段中，这些字段会自动扩展和折行。在使用文本工具输入文本时，文本框上会出现一个控制柄，静态文本的控制柄在文本框右上角，如图 5-10 所示。

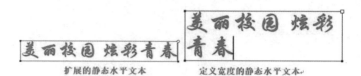

图 5-10　静态文本控制柄

（2）动态文本

动态文本显示动态更新的文本，如天气预报、股票信息。其属性面板如图 5-11 所示。

- 实例名称：给文本字段实例命名，以便于在动作脚本中引用该实例。
- 多行显示模式：当文本框包含的文本多于一行时，可以使用单行、多行和多行不换行进行显示。
- 在文本周围显示边框按钮：显示文本框的边框和背景。
- 变量：动态文本的变量名称。

动态文本的控制柄在文本框右下角，如图 5-12 所示。

图 5-11　动态文本属性面板

图 5-12　动态文本控制柄

（3）输入文本

输入文本在输出播放文件时，可以实现文字输入，能够通过用户的输入得到特定的信息，比如用户名称、用户密码等。

输入文本的属性面板如图 5-13 所示，其中"行为"下拉框中还包括了密码显示的选项。选择了密码显示后，用户的输入内容全部用"*"进行显示，而"最大字符数"则规定用户输入字符的最大数目。

2. 创建传统文本

一般来说，创建传统文本有两种方法：

(1) 单击输入

使用"文本工具"在画面上单击，就可以进行文字输入了。这时会看到右上角有一个圆形的文本输入框，该文本框可以随着文本的内容自动调整宽度。

(2) 拖框输入

使用"文本工具"在画面上拖拉出文字的范围框。可以看到文本框的右上角出现了一个小方框，该文本框限制了文本的范围，输入的文字将在规定的范围内呈现。

3. 安装新字体

图 5-13　输入文本属性面板

在制作 Flash 动画时，经常会因为动画风格的需要而加入一些新的字体。Flash 软件字体少，不是软件本身的问题，而是计算机本身没有安装更多的字体，因此常需要自己动手安装新字体。

安装新字体时，可以通过执行"开始→控制面板→字体"菜单命令，打开字体窗口，从"文件"菜单中执行"安装新字体"菜单命令，如图 5-14 所示，打开"添加字体"对话框，从安装光盘或下载的字体安装包中安装即可，如图 5-15 所示。新建 Flash 文档后，新字体就会出现在字体列表中。

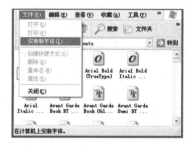

图 5-14　"安装新字体"命令　　　　　　图 5-15　"添加字体"对话框

案例 17　　　**文明出行——应用 TLF 文本**

案例描述

使用 TLF 文本工具，创建如图 5-16 所示文本排版的效果。TLF 文本具有更多的段落样式，为在 Flash 中创建内容较多的文本提供了更为强大的排版方式。

图 5-16 "TLF 文本段落分栏"效果

案例分析

- 使用 TLF 文本工具对文字进行设置。
- 练习 TLF 文本工具的段落排版分栏,从而熟悉 TLF 文本工具的段落样式的设置。

操作步骤

1. 新建 Flash 文档,选择 ActionScript 3.0 类型,文档大小为 1000*563 像素,按【Ctrl+S】组合键打开"另存为"对话框,选择保存路径,输入文件名"文明出行",然后单击"确定"按钮,回到工作区。

2. 执行"文件→导入→导入到舞台" 菜单命令,将素材图片"文明出行"导入舞台,打开"对齐"面板,选中"与舞台对齐"复选框,设置"对齐"为"水平中齐","分布"为"垂直居中分布","匹配大小"为"匹配宽和高"。

3. 将"图层 1"命名为"背景"并锁定,新建图层 2 并命名为"文本"。

4. 单击"文本工具" T,展开"文本属性"面板,设置文本引擎为"TLF 文本",文本类型为"可编辑",文字大小为 25 点,如图 5-17 所示。并在舞台上用鼠标拖动出一个任意大小的矩形框。

5. 将素材"文本"中的文字粘贴至矩形框中,如图 5-18 所示。这时在矩形框的右下方出现一红色网格,这说明文本框中的文本没有被完全显示出来。单击选择工具 ,将文本框拉大,直到右下方红色的网格图形消失。

图 5-17 设置 TLF 文本属性

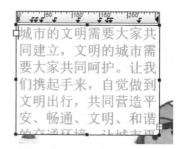

图 5-18 导入文字

6．在文本属性面板中，设置左右边距为 6 像素，缩进为 30 像素，在文本属性面板的"容器和流"栏中设置列为 2，列间距为 18 像素，最后效果如图 5-19 所示。

7．单击"文本工具" ⊤ 按钮。设置字符大小为 40 点，段落左右边距、缩进均为 0 像素。在舞台中段落分栏的上方单击，并在矩形框中输入"文明出行"，如图 5-20 所示。

图 5-19　段落分栏

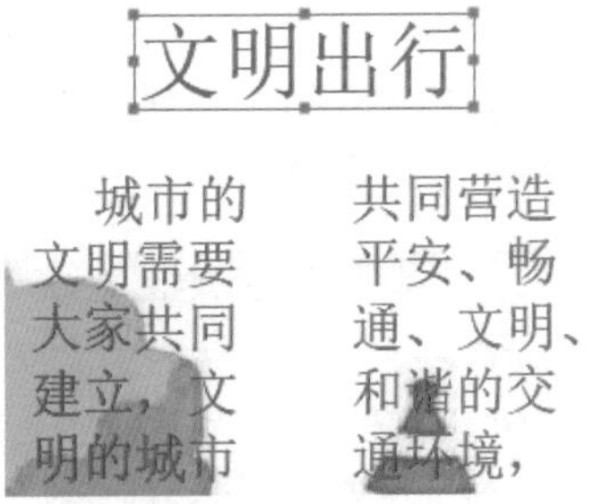

图 5-20　添加文字

8．单击选择工具 ，选中"文明出行"文本框，选择"修改→分离"选项（或【Ctrl+B】），将文本框分离，如图 5-21 所示。

9．使用选择工具选择"文明"两字，在右边"绘制对象"属性面板中设置笔触颜色为红色，填充颜色为无色 ，笔触大小为 1，笔触样式为实线，如图 5-22 所示。

文明出行

图 5-21　分离文本框

图 5-22　设置"厉害"二字的属性

10．按【Ctrl+S】组合键保存文件，按【Ctrl+Enter】组合键测试影片。

5.2　应用 TLF 文本

Flash 可以使用新文本工具——文本布局框架（TLF）向 Flash 文件添加文本，TLF 支持更多丰富的文本布局功能和对文本属性的精细控制，与以前的传统文本相比，TLF 文本可以加强对文本的控制。

与传统文本相比 TLF 文本增加了下列功能。

- 更多字符样式，包括行距、连字、加亮颜色、下画线、删除线、大小写等。
- 更多段落样式，包括支持多列、末行对齐选项、边距、缩进等。
- 控制更多亚洲字符数字，包括标点挤压、避头尾法则类型等。
- 为 TLF 文本应用 3D 旋转、色彩效果以及混合模式等属性，而无须将 TLF 文本放置于影片剪辑元件中。

- 文本可按顺序排列在多个文本容器中。
- 能够针对阿拉伯语和希伯来语文字创建从右到左的文本。
- 支持双向文本，其中从右到左的文本可包含从左到右的文本的元素。

1. 设置 TLF 文本属性

单击"文本工具"T或按【T】键，打开 TLF 文本属性面板，默认文本类型是 TLF 文本。

（1）设置字符样式

展开文本工具的属性面板，通过"字符"和"高级字符"部分可以设置文本类型、字体大小、字体格式等有关字体的属性，如图 5-23 所示。

图 5-23　设置字符样式

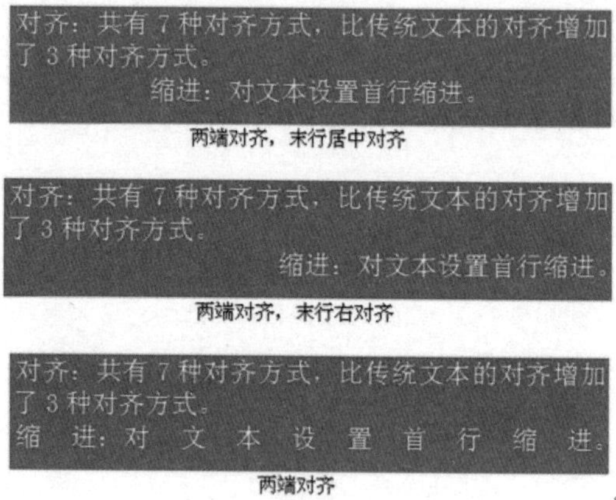

图 5-24　段落样式效果

- 行距：文本行之间的垂直间距。
- 加亮显示：加亮颜色。
- 字距调整 自动 ▼：在特定字符之间加大或缩小距离。
- 旋转：旋转各个字符。

  0° 表示强制所有字符不进行旋转；

  270° 主要应用于具有垂直方向的罗马文字体；

  自动，此值通常用于亚洲字体，仅旋转需要旋转的那些字符。
- 下画线：将水平线放于文字下。
- 删除线：将水平线放于文字中央通过的位置。
- 大小写：可以指定如何使用大写字符和小写字符。
- 数字格式：允许用户指定在使用字体提供等高和变高数字时应用的数字样式。
- 数字宽度：允许用户指定在使用字体提供等高和变高数字时是使用等比数字还是定宽数字。

（2）设置段落样式

要设置段落样式，则需使用文本属性面板的"段落"和"高级段落部分"如图 5-24 所示。

- 对齐：共有 7 种对齐方式，比传统文本的对齐增加了 3 种对齐方式。如图 5-25 所示。
- 缩进：对文本设置首行缩进。
- 间距：为段落的前后间距指定像素值。
- 文本对齐：设置文本的对齐范围。在字母间进行字距调整或者在单词间进行字距调整。

（3）容器和流

TLF 文本属性的"容器和流"部分，控制整个文本容器的选项。如图 5-26 所示。

图 5-25　段落样式

图 5-26　容器和流

- 行为：可以控制文本容器是以单行、多行、多行不换行或密码的方式进行显示。
- 最大字符数：文本容器中允许的最大字符，仅适用于类型为"可编辑"的文本容器。
- 对齐方式：指定容器内文本的几种对齐方式。包括：

　　顶部对齐：文本与容器顶部对齐。

　　居中对齐：文本与容器中心对齐。

　　底部对齐：文本与容器底部对齐。

　　两端对齐：两端对齐容器内的文本。

- 列数：指定容器内文本的列数。
- 列间距：指定容器内每列之间的间距。
- 填充：指定文本和容器之间的边距宽度。
- 边框颜色及笔触宽度 ![] 1.0 点：指定容器周围边框的颜色，及设置笔触宽度。
- 背景色 ![] ：指定容器背景的颜色。
- 首行线偏移：指定首行文本与容器顶部的对齐方式，如图 5-27 所示。包括以下值：

　　点：指定首行文本基线和框架上内边距之间的距离（以点为单位）。

　　自动：将行的顶部与容器顶部对齐。

　　上缘：文本容器的上内边距和首行文本的基线之间的距离是字体中最高字型的高度。

　　行高：文本容器的上内边距和首行文本的基线之间的距离是行的行高。

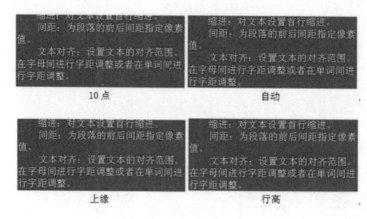

图 5-27　首行线偏移样式

2. 跨多个容器的流动文本

文本容器之间的串接和链接仅对于 TLF 文本可用，不适用于传统文本块。文本容器可以在各个帧之间和在元件内串接，要求所有串接容器位于同一时间轴内。

要链接 2 个或更多文本容器，执行以下操作：

① 使用选择工具 选择文本容器。

② 选定文本容器的"进口"端或"出口"端（文本容器上的进、出口端位置基于容器的流动方向和垂直或水平设置），指针会变成已加载文本的图标。如图 5-28 所示。

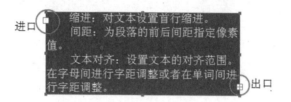

图 5-28　文本容器的进、出口端

③ 然后执行以下操作之一。

● 要链接到现有容器，将指针定位到目标文本容器上。

● 要链接到新的文本容器，在舞台的空白区域单击或拖动。

容器链接后，文本可在其间流动，如图 5-29 所示。左边的文本容器显示不了的内容都流到右边的文本容器中了。

图 5-29　文本在容器间流动

3. TLF 文本类型

在 TLF 文本属性面板中选择"文本类型"下拉框 可编辑 ，根据你希望在文本运行时的表现方式的不同，可以使用 TLF 文本创建 3 种类型的文本块。

- 只读：当作为 SWF 文件发布时，文本无法被选中或编辑。
- 可选：当作为 SWF 文件发布时，文本可以被选中并可复制到剪贴板，但不可以编辑。
- 可编辑：当作为 SWF 文件发布时，文本可以被选中和编辑。

案例 ⑱ 文化传承——制作迫近文字效果

案例描述

　　使用文本工具制作出的文字可以与动画结合制作出丰富多彩的动态文字效果，文字与补间动画结合制作出的迫近文字效果如图 5-30 所示。

图 5-30　迫近文字效果

案例分析

- 使用文本工具对文字进行设置并能进行文本转换。
- 改变元件的大小和透明度来设置迫近文字效果。

操作步骤

　　1. 新建 Flash 文档选择 ActionScript 3.0 类型，文档大小为 600x300 像素，按【Ctrl+S】组合键打开"另存为"对话框，选择保存路径，输入文件名"文化传承"，然后单击"确定"按钮，回到工作区。

　　2. 执行　"文件→导入→导入到舞台"　菜单命令，将素材图片"背景"导入到舞台，打开"对齐"面板，选中"与舞台对齐"复选框，设置"对齐"为"水平中齐"，"分布"为"垂直居中分布"，"匹配大小"为"匹配宽和高"。

　　3. 将"图层 1"命名为"背景"，在 50 帧处插入帧并锁定，新建图层 2 并重命名为"框线"。

　　4. 单击工具面板中的"矩形工具"，在"矩形工具"面板中设置"笔触颜色"为"红色"，"填充颜色"为"无"，"笔触高度"为"5"，"笔触样式"为"虚线"，绘制一个方框线，如图 5-31 所示。

5. 新建图层 3，单击"文本工具" ，展开"文本属性"面板，字符区域中设置"系列"为"华文行楷"，大小为"80"点，颜色为"红色"，输入文本"文化传承"，如图 5-32 所示。

图 5-31　绘制的矩形框线

图 5-32　输入的文本

6. 执行"修改→分离"命令，将 4 个字分离成单字，然后执行"修改→时间轴→分离到图层"命令，将 4 个字分离至 4 个图层中，将多余的图层删除，图层显示如图 5-33 所示。

7. 将"化"图层中的第 1 关键帧拖至第 11 帧，将"传"图层中的第 1 关键帧拖至第 21 帧，将"承"图层中的第 1 帧拖至第 31 帧。

8. 分别在"文"图层中的第 10 帧处插入关键帧，在"化"图层中的第 20 帧处插入关键帧，在"传"图层中的第 30 帧处插入关键帧，在"承"图层中的第 40 帧处插入关键帧，在各图层的关键帧间创建"传统补间动画"。

9. 选中所有图层的第 50 帧，按【F5】键插入帧，时间轴效果如图 5-34 所示。

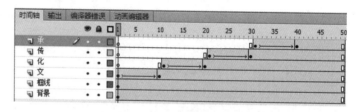

图 5-33　图层显示　　　　　　　　　　　　　　图 5-34　时间轴效果

10. 分别选中第 1 帧的"文"、第 11 帧的"化"、第 21 帧的"传"、第 31 帧的"承"，使用"任意变形工具"将文字缩小，在"属性"面板的"色彩效果"区域中设置"Alpha"值为"0%"。

11. 按【Ctrl+S】组合键保存文件，按【Ctrl+Enter】组合键测试影片。

案例 ⑲　中国梦——文字滤镜效果

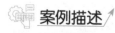 **案例描述**

使用滤镜功能可以制作出丰富多彩的文字效果，结合滤镜制作出如图 5-35 所示的投影、模糊、发光、斜角、渐变发光的文字效果。

图 5-35　文本的滤镜效果

案例分析

● 使用文本工具对文字进行设置。
● 能够根据各种滤镜设置相应的参数。

操作步骤

1. 新建 Flash 文档，选择 ActionScript 3.0 类型，文档大小为 964x572 像素，按【Ctrl+S】组合键打开"另存为"对话框，选择保存路径，输入文件名"中国梦"，然后单击"确定"按钮，回到工作区。

2. 执行 "文件→导入→导入到舞台" 菜单命令，将素材图片"工匠精神"导入到舞台，打开"对齐"面板，选中"与舞台对齐"复选框，设置"对齐"为"水平中齐"，"分布"为"垂直居中分布"，"匹配大小"为"匹配宽和高"。

3. 将"图层 1"命名为"背景"，在 150 帧处插入帧，然后锁定，新建图层 2 并重命名为"文字"。

4. 单击"文本工具" ⊤，展开"文本属性"面板，设置文本引擎为"传统文本"，"文本类型"为"静态文本"，字符系列为"华文行楷"、大小为"100"点，文本颜色为"#660033"，在舞台右上方输入文字"中国梦工匠精神"。

5. 选中文本"中国梦工匠精神"，单击"属性"面板中的"滤镜"区域，在展开的区域左下角单击"添加滤镜"按钮 ，在弹出的"滤镜"快捷菜单中执行"投影"命令，出现"投影"属性面板，各参数的设置如图 5-36 所示。最后的投影滤镜文字效果如图 5-37 所示。

图 5-36　"投影"参数设置

图 5-37　投影滤镜文字效果

6. 在 30 帧处插入关键帧，选中属性面板中的"投影"滤镜，单击下方的"删除滤镜"按钮📃。然后单击"添加滤镜"按钮🔲，在弹出的"滤镜"快捷菜单中执行"模糊"命令，出现"模糊"属性面板，各参数的设置如图 5-38 所示。最后的模糊滤镜文字效果如图 5-39 所示。

图 5-38　"模糊"参数设置

图 5-39　模糊滤镜文字效果

7. 在 60 帧处插入关键帧，选中属性面板中的"模糊"滤镜，单击下方的"删除滤镜"按钮📃。然后单击"添加滤镜"按钮🔲，在弹出的"滤镜"快捷菜单中执行"发光"命令，出现"发光"属性面板，各参数的设置如图 5-40 所示。最后的发光滤镜文字效果如图 5-41 所示。

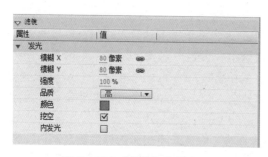

图 5-40　"发光"参数设置

图 5-41　发光滤镜文字效果

8. 在 90 帧处插入关键帧，选中属性面板中的"发光"滤镜，单击下方的"删除滤镜"按钮📃。然后单击"添加滤镜"按钮🔲，在弹出的"滤镜"快捷菜单中执行"斜角"命令，出现"斜角"属性面板，各参数的设置如图 5-42 所示。最后的斜角滤镜文字效果如图 5-43 所示。

图 5-42 "斜角"参数设置　　　　　图 5-43 斜角滤镜文字效果

9．在 120 帧处插入关键帧，选中属性面板中的"斜角"滤镜，单击下方的"删除滤镜"按钮🗑。然后单击"添加滤镜"按钮🗒，在弹出的"滤镜"快捷菜单中执行"渐变发光"命令，出现"渐变发光"属性面板，各参数的设置如图 5-44 所示。最后的渐变发光滤镜文字效果如图 5-45 所示。

图 5-44 "渐变发光"参数设置　　　　图 5-45 渐变发光滤镜文字效果

10．在 150 帧处插入帧，按【Ctrl+S】组合键保存文件，按【Ctrl+Enter】组合键测试影片。

5.3　文本转换

由于利用文本工具输入的文本是一个位图，当将其放大时，会出现锯齿状，不能对文本进行特殊的处理。通过对文本进行分离操作，将其转换成矢量图，就可以对其进行编辑了。

在对文字进行分离过程中需要注意的问题是：如果是一个字，分离一次就可以了；如果输入的是多个字，则需要将其分离两次，才能将其转换成矢量图。可以使用"修改→分离"菜单命令，也可以按【Ctrl+B】组合键来进行分离。转换成矢量图后，可以用"墨水瓶工具"勾画出字的边缘，也可以设置字的填充颜色。转换成矢量图后，便不会受到系统字体的影响。

5.4　滤镜的使用

1．滤镜概述

使用滤镜，可以为文本、按钮和影片剪辑增添有趣的视觉效果，也可以通过补间创建动态滤镜效果。可以为一个对象添加多个滤镜，也可以删除多余的滤镜。

2. 应用滤镜

① 选择文本、按钮或影片剪辑对象。例如，选中了如图 5-46 所示的文本。

图 5-46　选中文本

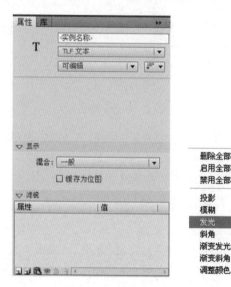

图 5-47　"滤镜"下拉列表

② 打开"属性"面板，选择"滤镜"，单击"添加滤镜" 按钮，打开如图 5-47 所示的"滤镜"下拉列表，在列表中选择一种滤镜。例如，选择"发光"。

③ 设置滤镜参数。在如图 5-48 所示的面板中，设置"发光"滤镜的参数为"模糊：X、Y 均为 5 像素；强度为 500%；品质为高；颜色为#00CCFF；选中'挖空'复选框"。"发光"滤镜效果如图 5-49 所示。

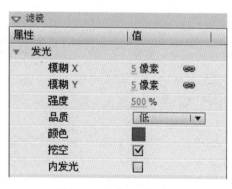

图 5-48　"滤镜"面板

图 5-49　文本的"发光"滤镜效果

3. 复制和粘贴滤镜

可以通过复制滤镜和粘贴滤镜的操作，把已有的滤镜效果直接应用于其他对象。

① 选择要从中复制滤镜的对象。例如，选中文本"学好 Flash"。

② 打开"滤镜"面板，选择要复制的滤镜（例如，"发光"），然后单击"剪贴板"按钮 ，在其下拉菜单中选择"复制所选"。

③ 选择要应用滤镜的对象（例如文本"原来很轻松"），然后单击"剪贴板"按钮，在其下拉菜单中选择"粘贴"后的效果如图 5-50 所示。

4．删除滤镜

从已应用滤镜的列表中选择要删除的滤镜，然后单击"删除滤镜"按钮。

图 5-50 "粘贴滤镜"效果

思考与实训 5

一、填空题

1．在 Flash CS5 中有传统文本工具和＿＿＿＿＿＿两种文本工具.

2．使用传统文本工具可以创建＿＿＿＿＿、＿＿＿＿＿和＿＿＿＿＿3 种文本类型。

3．选择＿＿＿＿＿按钮从而展开文本工具属性面板。

4．在传统文本工具中选择＿＿＿＿＿按钮可以将文字转化为下标。

5．＿＿＿＿＿，是 Flash 传统文本工具默认的文本类型。

6．静态文本属性面板中，"系列"下拉列表框的功能是：＿＿＿＿＿＿＿＿＿＿。

7．如果将文本放在定宽字段或定高字段中，这些字段会自动扩展和＿＿＿＿＿。

8．动态文本显示＿＿＿＿＿的文本。

9．输入文本面板的"多行"下拉框中有＿＿＿种选项，如果要输入密码应该选择＿＿＿＿＿选项。

10．安装新字体时，可以通过执行＿＿＿＿＿＿＿＿＿＿＿＿＿＿命令，打开字体窗口。

11．在创建 TLF 文本时，如果矩形框的右下方出现红色网格，这说明＿＿＿＿＿＿＿＿。

12．＿＿＿＿＿＿＿＿＿＿，右下方红色的网格图形会消失。

13．创建 TLF 文本分栏时，在文本属性面板的＿＿＿＿＿＿＿＿＿栏中设置列的数量。

14．将文本框分离的快捷键是＿＿＿＿＿。

15．在 TLF 文本属性面板中"旋转"栏中的 0° 表示＿＿＿＿＿＿＿＿＿。

二、上机实训

1．使用 TLF 文本面板的"容器和流"属性，制作"跨多个容器的流动文本"，如图 5-51 所示。

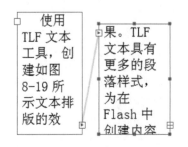

图 5-51 跨多个容器的流动文本

151

2．利用提供的素材"新时代新征程"，制作如图 5-52 所示的写字动画效果，具体效果见"新时代新征程.swf"。

图 5-52　写字动画

图 5-53　打字动画

3．利用提供的素材"打字效果"，结合传统文本工具制作如图 5-53 所示的打字效果，文字内容为"人生就像舞台，每个人都是主角。"具体效果参考"打字效果.swf"。

4．利用提供的素材"中国诗词大会"，结合滤镜设计出如图 5-54 所示的渐变斜角效果，文字内容为"古韵风流，诗风词意"，具体效果参考素材文件"诗韵.swf"。

图 5-54　渐变斜角滤镜效果

模块 6

多媒体与脚本交互

案例 ⑳ **新闻播报——应用声音与视频**

案例描述

　　制作如图 6-1 所示的动画短片。首先配合人物的口型与动作播放一段语音播报，然后根据播报的新闻内容，在电视中播放一段相关视频。

图 6-1　"新闻播报"动画效果

案例分析

- 导入"人物动画.swf"文件，在生成的影片剪辑中插入"配音"音乐。
- 以"在 SWF 中嵌入 flv 并在时间轴中播放"的方式导入 flv 视频，并添加到舞台播放。

操作步骤

1. 新建 Flash 文档，按【Ctrl+S】组合键保存文件，命名为"新闻播报.fla"。

2．把"图层 1"重命名为"背景"，导入图片素材"背景.jpg"至舞台，缩放到与舞台相同的尺寸。选中"背景"层的第 470 帧，按【F5】键插入帧。

3．新建影片剪辑，命名为"人物动画"。执行"文件→导入→导入到舞台"菜单命令，将"人物动画.swf"文件导入剪辑舞台，此时"图层 1"自动生成了 210 帧的人物动画。

4．执行"文件→导入→导入到库"菜单命令，导入声音文件"配音.mp3"。在"人物动画"剪辑舞台中的"图层 1"上方创建新图层，命名为"配音"。在第 15 帧处插入关键帧，将库中的声音文件拖动到舞台中，效果如图 6-2 所示。选择"配音"层的第 15 帧，在属性面板中设置属性：同步为数据流，设置"声音"属性如图 6-3 所示。

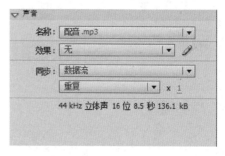

图 6-2　"人物动画"影片剪辑舞台　　　　　图 6-3　设置"声音"属性

5．将播放头移至 210 帧处，打开"代码片断"面板，单击展开"时间轴导航"分类，效果如图 6-4 所示。双击"在此帧处停止"选项，打开如图 6-5 所示的"动作"面板。在面板中，新添加的脚本高亮显示。此时时间轴自动创建了一个新图层"Actions"，210 帧上出现一个"a"字。

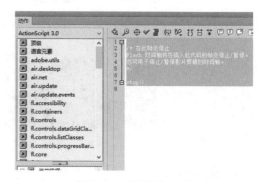

图 6-4　"代码片断"面板　　　　　　　　图 6-5　"动作"面板

6．返回"场景 1"，在"背景"层上新建图层，命名为"人物"。将"人物动画"影片剪辑拖动到舞台中，调整其合适的大小及位置。将时间轴移动到 470 帧处，按【F5】键插入帧。

7．在"人物"层之上新建图层，命名为"电视"，将素材"电视.png"导入舞台中，并调整其大小及位置，效果如图 6-6 所示。

8．在"电视"层之上新建图层，命名为"视频"，在该图层的 210 帧处插入关键帧。

执行"文件→导入→导入视频"菜单命令，打开如图 6-7 所示的"选择视频"对话框，选择文件"北京城市风光.flv"，选择"在 SWF 中嵌入 FLV 并在时间轴中播放"选项，单击"下一步"按钮，打开"嵌入"对话框，具体设置如图 6-8 所示。继续单击"下一步"按钮，完成视频导入，此时"视频"图层中自动生成了 260 帧的动画。调整插入视频的大小及位置，使其与电视匹配，效果如图 6-9 所示。

图 6-6　舞台效果

图 6-7　"选择视频"对话框

图 6-8　"嵌入"对话框

图 6-9　插入并调整视频后的效果

9．按【Ctrl+S】组合键保存文件，然后按【Ctrl+Enter】组合键测试影片，播放效果如图 6-1 所示。

6.1　应用声音

Flash CS6 提供了多种使用声音的方式，可独立于时间轴连续播放，也可以与动画同步播放，还可以为按钮添加声音，使按钮具有更强的互动性。

可以将 ASND、WAV、MP3 格式的声音文件导入 Flash 中。如果系统中安装了 QuickTime 4 或更高版本，则可以导入 AIFF、只有声音的 QuickTime 影片或 Sun AU 格式文件。

1．把声音导入 Flash

只有把外部的声音文件导入 Flash 中，才能在 Flash 作品中加入声音效果。

执行"文件→导入→导入到库"菜单命令，在打开的"导入到库"对话框中选择并打开所需的声音文件，如图 6-10 所示。导入声音后，就可以在"库"面板中看到刚导入的声音文件，并可以像应用其他元件一样使用声音对象，单击波形右侧的"播放"按钮▶可以试听声音，如图 6-11 所示。

图 6-10　导入声音

图 6-11　库中的声音文件

2.　添加声音到时间轴

可以把多个声音放在一个图层中，也可以分别放在不同的图层。建议将每个声音放在单独的图层，以方便编辑。

选定图层后，将声音从"库"面板中拖到舞台，声音就被添加到当前图层。添加了声音的图层的第一帧会有一条短线，如图 6-12 所示。选择后面的某一帧，按【F5】见键插入帧，就可以看到更多的声音波形，如图 6-13 所示。

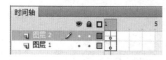

图 6-12　第 1 帧上的声音

图 6-13　图层上的声音波形

3.　设置声音的属性

通过设置声音属性，可以丰富声音的效果，更好地适应动画播放的需要。

① 在时间轴上，选择包含声音文件的第一个帧，打开"属性"面板，如图 6-14 所示。

② 在"属性"面板中，从图 6-15 所示的"名称"下拉菜单中选择一个声音文件，就可以把声音添加到时间轴。选择"无"，不添加声音或删除所选帧上已经存在声音。

③ 从"效果"下拉菜单中选择所需的效果选项，如图 6-16 所示。

图 6-14　声音属性面板

图 6-15　选择声音

图 6-16　设置声音效果

各选项含义如下：

● 　无：不对声音文件应用效果，选中此项也可以删除以前应用的效果。

● 　左声道/右声道：只在左声道或右声道中播放声音。

- **向右淡出/向左淡出**：将声音从一个声道切换到另一个声道。
- **淡入/淡出**：随着声音的播放逐渐增加/减小音量。
- **自定义**：可以使用"编辑封套"对话框编辑声音。

④ 从"同步"下拉菜单中选择同步方式，如图 6-17 所示。

各选项含义如下：

- **事件**：Flash 会将声音和一个事件的发生过程同步起来，如单击按钮。从声音的起始关键帧开始播放，并独立于时间轴完整播放。即使 SWF 文件在声音播放完之前停止，声音也会继续播放到完成。
- **开始**：与"事件"选项的功能相近，但是如果声音已经在播放，则不会播放新声音。
- **停止**：使指定的声音静音。
- **数据流**：Flash 强制动画和音频流同步。音频流随着 SWF 文件的停止而停止，而且音频流的播放时间绝对不会比帧的播放时间长。

⑤ 从"重复"和"循环"选项中选择一项，如图 6-18 所示。选择"重复"选项，在右侧输入一个值，可以指定声音循环的次数；选择"循环"选项可以连续重复播放声音。不建议循环播放数据流，如果将数据流设为循环播放，帧就会添加到文件中，文件的大小就会根据声音循环播放次数的增多而倍增。

图 6-17　"同步"选项　　　　　　　　　　图 6-18　"重复"选项

4. 为按钮添加声音

可以将声音和一个按钮元件的不同状态关联起来。将声音添加到按钮元件，能使按钮操作更具互动性，操作步骤如下：

① 双击要添加声音效果的按钮，进入按钮编辑状态。

② 在按钮的时间轴上，添加一个声音层。

③ 在声音层中需要添加声音的状态帧上创建一个关键帧。例如，要添加一段单击按钮时播放的声音，可以在标记为"按下"的帧中创建关键帧。

④ 单击已创建的关键帧，从"属性"面板中"声音"栏的"名称"下拉菜单中选择一个声音文件；从"同步"下拉菜单中选择"事件"选项，为按钮添加声音的编辑效果，如图 6-19 所示。

图 6-19　为按钮添加声音的编辑效果

5. 用“编辑封套”功能自定义声音效果

使用“编辑封套”功能可以自定义声音的效果。

选择包含声音的帧，然后打开“属性”面板，单击“效果”右侧的“编辑声音封套”按钮，或选择“效果”列表中的“自定义”选项，即可打开如图 6–20 所示的“编辑封套”对话框。上下窗格分别对应左、右声道，波形上方的封套线标示音量大小。

- 若要改变声音的起始点和终止点，可拖动“编辑封套”对话框中的“开始时间”和“停止时间”控件。如图 6–21 所示为调整声音的开始时间。
- 若要更改音量，可拖动封套手柄来改变不同点处的音量级别。封套线显示声音播放时的音量。单击封套线，可添加封套手柄。要删除封套手柄，可将其拖出窗口。如图 6–22 所示为调整左声道的封套。

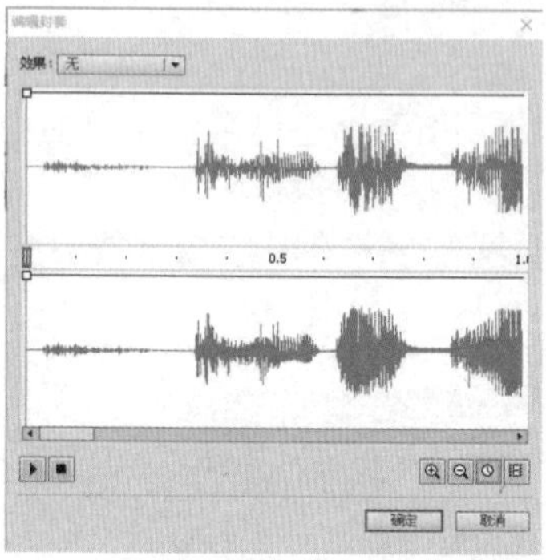
图 6–20 “编辑封套”对话框

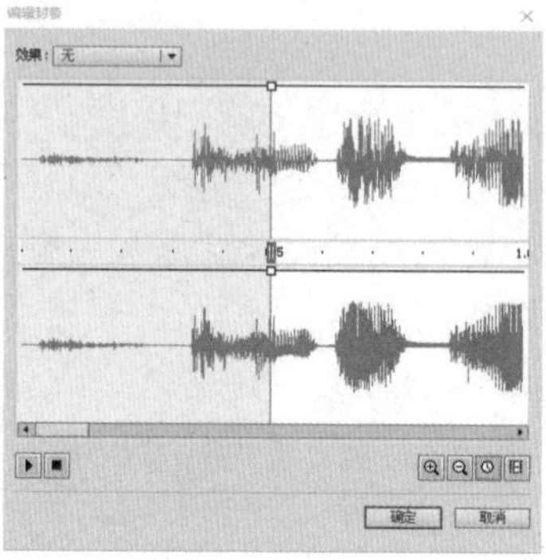
图 6–21 调整声音的开始时间

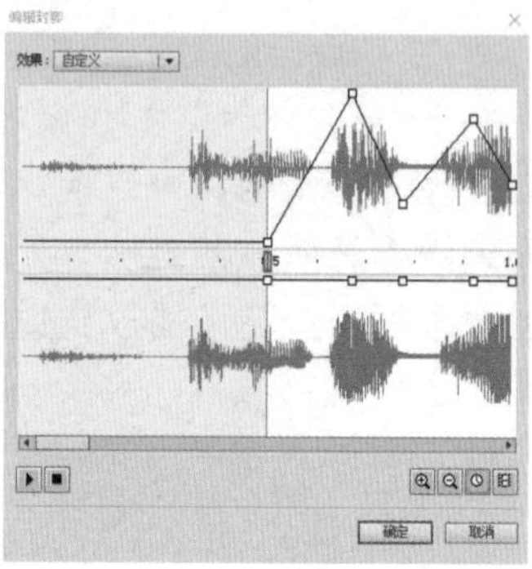
图 6–22 调整左声道的封套

- 若要改变窗口中显示声音波形的大小，可单击“放大”按钮或“缩小”按钮。
- 要在秒和帧之间切换时间单位，可单击“秒”按钮或“帧”按钮。

6. 压缩声音

在 Flash 中导入声音后，文件也会相应地增大。通过设置声音文件的压缩方式，可以在尽可能减小文件大小的同时保证声音的质量不受影响。双击库面板中的声音图标，可打开“声音属性”对话框，如图 6–23 所示。

如果声音文件已经在外部编辑过，可单击“更新”按钮更新。可以从“默认值”、“ADPCM”、“MP3”、“Raw”、“语音”中选择一种压缩方式，如图 6–24 所示。

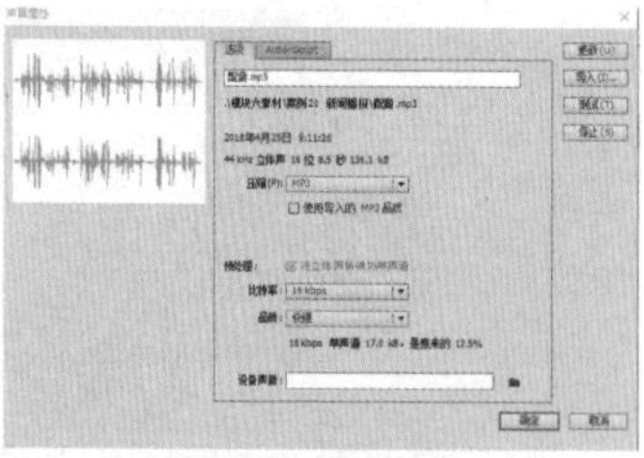
图 6–23 “声音属性”对话框

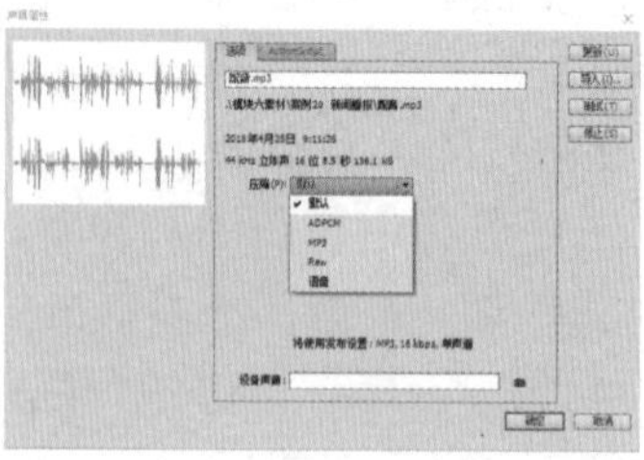
图 6–24 压缩方式选项

- ADPCM：用于 8 位或 16 位声音数据的压缩。导出较短的事件声音（如单击按钮）时适合使用此设置。

- MP3：以 MP3 压缩格式导出声音，适合导出较长的音频流。
- Raw：导出声音时不进行声音压缩。选择"预处理"右侧的"将立体声转换成单声道"复选框（单声道不受此选项的影响），会将混合立体声转换成非立体声（单声道）。
- 语音：采用适合于语音的压缩方式导出声音。

6.2 应用视频

Flash 视频具备创造性的技术优势，允许把视频、数据、图形、声音和交互式控制融为一体，从而给人丰富的体验。

可以导入 Flash 中的视频，必须是使用以 FLV | F4V 或 H.264 格式编码的视频。视频导入向导会检查要导入的视频文件，如果视频不是 Flash 可以播放的格式，则会提醒用户。可以使用 Adobe Media Encoder 转换视频格式。

1. 使用 Adobe Media Encoder

Adobe Media Encoder 是与 Flash 默认一起安装的，使用它可以把视频文件转换为 FLV 或 F4V 格式。

（1）转换视频文件

① 启动 Adobe Media Encoder。开始屏幕窗口中会列出添加到 Adobe Media Encoder 中要进行处理的所有当前视频文件。

② 执行"文件→添加"菜单命令或者单击右边的"添加"按钮。

③ 在打开的对话框中选择要转换的视频文件，然后单击"打开"按钮。选中的文件被添加到列表中，如果在 2 分钟内没有进行任何操作，将自动开始编码。

④ 在"格式"下拉列表中选择"FLV | F4V"选项，如图 6-25 所示。

⑤ 在"预设"下拉列表中选择合适的视频格式，如图 6-26 所示。

159

图 6-25 设置格式

图 6-26 选择预设格式

⑥ 单击"输出文件"下方的文件路径，将弹出"另存为"对话框，设置文件的保存路径和文件名，然后单击"保存"按钮。

⑦ 单击"开始队列"按钮。Adobe Media Encoder 开始编码，同时会显示进度和视频预览。

（2）裁剪输出视频

单击开始屏幕窗口的"设置"按钮，打开 "导出设置"对话框。单击左上角的"裁剪输出视频"按钮，在视频预览窗口中会出现裁剪方框，可以对视频进行裁剪。向里拖动

模块 6　多媒体与脚本交互

各条边可以调整裁剪尺寸，方框外面灰色的部分将被丢弃，如图 6-27 所示。如果想使裁剪方框保持标准的比例，可以单击"裁剪比例"菜单，选择想要的比例，如图 6-28 所示。

图 6-27　裁切视频

图 6-28　设置裁切比例

单击"输出"选项卡，可以查看裁剪的效果，如图 6-29 所示。通过"更改输出尺寸"下拉菜单，可以设置最终输出文件中的裁剪效果，如图 6-30 所示。

图 6-29　查看裁剪效果

图 6-30　设置裁剪的最终输出效果

(3) 调整视频长度

可以通过剪除不需要的视频片断来调整视频的长度，操作方法如下：

将播放头置于要保留部分的开始处，然后单击"设置入点"按钮，如图 6-31 所示。将播放头置于要结束的位置，然后单击"设置出点"按钮，如图 6-32 所示。也可以只拖动"入点"和"出点"按钮来括住想要的视频片断。

图 6-31　设置入点

图 6-32　设置出点

"入点"和"出点"之间的高亮部分会被保留并编码，其余部分被剪除。

2. 导入视频的方式

Flash 提供了完善的视频导入向导，简化了将视频导入的操作。视频导入向导为所选的导入和回放方法提供了基本的配置，之后用户还可以进行修改以满足特定的要求。

"导入视频"对话框提供了三个视频导入选项：

- 使用回放组件加载外部视频：导入视频并创建 FLVPlayback 组件的实例以控制视频回放。视频内容独立于其他 Flash 内容和视频回放控件，因此更新视频内容相对容易，可以不必重新发布 SWF 文件。在播放时，可以边下载边播放，适合导入较长的视频文件。

- 在 SWF 中嵌入 FLV 并在时间轴中播放：将 FLV 嵌入 Flash 文档中。这样导入视频时，嵌入的视频文件放置于时间轴中，成为 Flash 文档的一部分。由于每个视频帧都由时间轴中的一个帧表示，因此视频剪辑和 SWF 文件的帧速率必须相同，否则视频回放将不一致。若要播放嵌入在 SWF 文件中的视频，必须先下载整个视频文件，然后再开始播放该视频。因此，嵌入视频适合较短的视频文件。对于回放时间少于 10 秒的视频剪辑，嵌入的效果最好。
- 作为捆绑在 SWF 中的移动设备视频导入：与在 Flash 文档中嵌入视频类似，将视频绑定到 Flash Lite 文档中以部署到移动设备。

3. 在 Flash 文件内嵌入视频

① 执行"文件→导入→导入视频"菜单命令，打开"导入视频"对话框。

② 通过"浏览"按钮，选择本地计算机上要导入的视频剪辑。如果视频不是 Flash 可以播放的格式，则会提醒用户，可以先使用 Adobe Media Encoder 转换视频格式。

③ 选择"在 SWF 中嵌入 FLV 并在时间轴上播放"，单击"下一步"按钮。

④ 选择用于将视频嵌入到 SWF 文件的"符号类型"，如图 6-33 所示。

图 6-33 选择符号类型

- 嵌入的视频：如果要使用在时间轴上线性播放的视频剪辑，最合适的方法就是选择此项，将该视频导入时间轴。
- 影片剪辑：将视频置于影片剪辑元件中是良好的创作习惯，这样可以获得对内容的最大控制。视频的时间轴独立于主时间轴进行播放，不必为容纳该视频而将主时间轴扩展很多帧。
- 图形：将视频剪辑嵌入图形元件中，将无法使用 ActionScript 与该视频进行交互。

⑥ 单击"下一步"按钮，然后单击"完成"按钮。

如果嵌入视频的源文件后来被重新编辑，可以在库面板中选择视频剪辑，然后选择"属性"并单击"更新"，即会用编辑过的文件更新嵌入的视频剪辑。初次导入该视频时选择的压缩设置，会重新应用到更新的剪辑。

案例 ㉑ 城市名片——脚本交互

案例描述

　　制作如图 6-34 所示的动画，通过单击三个按钮，分别打开风景、视频、简介三个动画界面，声形并茂地呈现了"城市名片"的动态效果。

图 6-34 "城市名片"动画效果

案例分析

- 制作三个有声音、动态的按钮元件。
- 制作风景切换的动态效果、合理插入视频及图像。
- 通过编辑"代码片断",实现用按钮控制界面切换的效果。

操作步骤

1. 新建 Flash 文档,设置舞台宽为 600 像素;高为 500 像素;类型为 ActionScript 3.0,按【Ctrl+S】组合键保存文件,命名为"城市名片.fla"。

2. 把"图层 1"重命名为"背景",导入图片素材"背景.jpg"至舞台,将其缩放到与舞台相同的尺寸。将时间轴移至 181 帧,按【F5】键插入帧。

3. 将素材图片"相框 1.png"、"相框 2.png"、"相框 3.png"、"按钮声音.wav"导入到库。新建按钮元件,命名为"按钮 1"。将"相框 1.png"拖动到按钮编辑舞台。在"指针经过"帧处按【F6】键插入关键帧,在"按下"帧处按【F5】键插入帧,效果如图 6-35 所示。

4. 在按钮编辑舞台的"图层 1"上方新建"图层 2"。在"指针经过"帧处插入关键帧,在"按下"帧处插入帧。利用"矩形"工具在"指针经过"关键帧中绘制一个颜色为#FF9933;Alpha 值为 70%的无边矩形。利用"文本"工具,输入大小为 50 点;颜色为黑色;系列为华文隶书的文字"风景",效果如图 6-36 所示。

5. 在"图层 2"上方新建"图层 3",在"指针经过"帧处插入关键帧,将库中的"按钮声音.wav"拖动到舞台中。同时选中图层 1、图层 2"指针经过"帧中的对象,利用"任意变形"工具,适当旋转对象,效果如图 6-37 所示。

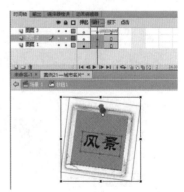

| 图 6-35 按钮 1 元件编辑舞台 | 图 6-36 矩形及文字绘制效果 | 图 6-37 对象旋转后的效果 |

6. 用同样的方法,分别利用"相框 2.png"、"相框 3.png"素材制作按钮 2、按钮 3,

文字分别替为"简介"、"视频"。

7．回到场景1，在"背景"图层上方新建"按钮"图层，分别将三个按钮拖动到舞台中，并调整其位置、大小及角度，效果如图6-38所示。将播放头移至181帧处，按【F5】键插入帧。

8．将素材"风景1.jpg"—"风景4.jpg"、"简介.png"、"巴黎的春天.mp3"导入库。在"按钮"图层上方新建"对象"图层，将"风景1.jpg"拖动到舞台并调整其大小及位置，效果如图6-39所示。

图6-38　按钮排列效果　　　　　图6-39　"风景1.jpg"调整后的效果

9．在"对象"图层的第2帧插入关键帧，将"风景1.jpg"交换为"简介.png"，效果如图6-40所示。

10．将素材图像"风景2.jpg"、"风景3.jpg"、"风景4.jpg"分别转换为图形元件"风景2"、"风景3"、"风景4"。在"对象"图层的第3帧插入关键帧，将"简介.png"替换为"风景2"图形元件（可借助绘图纸外观对齐对象），效果如图6-41所示。

图6-40　第2帧图像效果　　　　　图6-41　第3帧插入图形元件后的效果

11．在第30帧处插入关键帧，将"风景2"元件的Alpha值调整为15%。在第3~30帧之间创建传统补间动画。

12．在第31帧处插入关键帧，将"风景2"元件替换为"风景3"元件，保持Alpha值为15%，分别在第60帧、90帧处插入关键帧，调整第60帧处元件的Alpha值为100%。分别在第31~60帧、第60~90帧之间创建传统补间动画。

13．在第91帧处插入关键帧，将"风景3"元件替换为"风景4"元件，借鉴步骤12，在第91~150帧之间，制作"风景4"元件透明度变化的传统补间动画。

14．在第151帧处插入关键帧，将"风景4"元件替换为"风景2"元件，保持Alpha值为15%。在第180帧处插入关键帧，将元件的Alpha值调整为100%，在第151~180帧之间创建传统补间动画。

15．在第181帧处插入关键帧，将"风景2"元件删除。执行"文件→导入→导入视频"

菜单命令，将视频"北京城市风光.flv"以"嵌入"的方式导入，"导入视频"对话框如图 6-42 所。此时"对象"图层中第 181~440 帧之间自动嵌入了视频。分别在"背景"层、"按钮"层的第 440 帧处按【F5】键插入帧。调整插入视频的大小及位置，效果如图 6-43 所示。

图 6-42 "导入视频"对话框

图 6-43 导入视频后的效果

16. 在"对象"图层的上方新建"声音"图层，分别在该图层的第 3 帧、第 180 帧处插入关键帧。选中第 3 帧，将库中的"巴黎的春天.mp3"声音文件拖动到舞台中，时间轴如图 6-44 所示。打开"声音"属性面板，设置声音属性如图 6-45 所示。

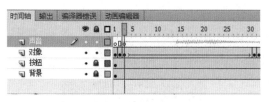

图 6-44 时间轴效果

图 6-45 "声音"属性面板

17. 将播放头移至第 1 帧处，打开"代码片断"面板，单击展开"时间轴导航"分类，效果如图 6-46 所示。双击"在此帧处停止"选项，在"动作"面板中，新添加的脚本高亮显示。此时时间轴自动创建新图层"Actions"，第 1 帧上出现一个"a"字，效果如图 6-47 所示。

图 6-46 "代码片断"面板

图 6-47 添加脚本后的效果

18. 将播放头分别移至第 2 帧、180 帧、440 帧处，为其添加"在此帧处停止"动作脚本。

19. 将播放头移到第 1 帧，分别将"按钮 1"、"按钮 2"、"按钮 3"元件的实例命名为

"a1"、"a2"、"a3"。选中舞台上的按钮 1，打开"代码片断"面板，展开"时间轴导航"分类，效果如图 6-48 所示。双击"单击以转到帧并播放"选项，在"动作"面板新添加的脚本语句中，将播放的帧编号修改为 3，效果如图 6-49 所示。

图 6-48　"代码片断"面板

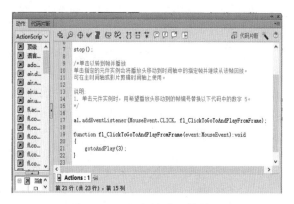

图 6-49　添加脚本后的效果

20．用同样的方法，将播放头移到第 1 帧，为"按钮 2"、"按钮 3"元件添加动作脚本，让其分别转到第 2 帧、第 181 帧处播放，两按钮添加的脚本语句如图 6-50 和图 6-51 所示。

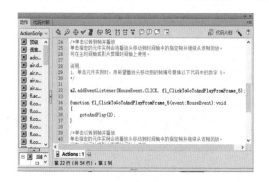

图 6-50　"按钮 2"添加的脚本语句

图 6-51　"按钮 3"添加的脚本语句

21．按【Ctrl+S】组合键盘保存文件，然后按【Ctrl+Enter】组合键测试影片，播放效果如图 6-34 所示。

6.3　ActionScript 3.0

Flash 动画的一个重要特点是可以通过编写代码实现交互功能，并且可以使用程序代码创建更加丰富多彩的动画效果，这些动画效果利用逐帧动画或补间动画则很难实现。与旧的 ActionScript 代码相比，ActionScript 3.0 的执行速度可以快 10 倍。与其他版本相比，此版本要求开发人员对面向对象的编程概念有更深入的了解。可以使用"动作"面板脚本窗口或外部编辑器在创作环境内添加 ActionScript。

1．"动作"面板

"动作"面板是 Flash 提供的专门处理动作脚本的编辑环境。执行"窗口→动作"菜单命令或按【F9】键，即可打开"动作"面板。通过"动作"面板可以快速访问 ActionScript 的核心元素，并提供了不同的工具，用于帮助编写、调试、格式化、编辑和查找代码。如

图 6-52 所示。

"动作"面板分为多个窗格。左上方是"动作工具箱",其中列出了多个类别,它组织了所有的 ActionScript 代码;"动作工具箱"的顶部是一个下拉菜单,可以用来切换 ActionScript 的不同版本;"动作工具箱"的底部是一个黄色的"索引"类别,它按字母顺序列出了所有的语言元素。

面板的右上方是"脚本"窗格,可以在其中输入和编辑 ActionScript 代码;"脚本"窗格上方是常用工具栏,包含若干功能按钮,利用它们可以快速对动作脚本实施一些操作。

面板左下方是"脚本导航器",可帮助用户查找特定的代码段。ActionScript 代码存放在时间轴的关键帧上,如果有许多代码分散在不同的时间轴和不同的关键帧中,使用"脚本导航器"查找就特别方便。

要添加脚本,既可以直接输入代码,也可以借助面板上提供的工具。单击"动作工具箱"中的一个类别,在展开的列表中双击要添加的动作,可以把动作添加到脚本窗格。如图 6-53 所示,通过双击 function,脚本窗格自动添加了"function ( ) {}"代码段。

图 6-52 "动作"面板

图 6-53 添加脚本

图 6-54 "脚本助手"模式

2. 使用"脚本助手"

使用"脚本助手"模式,可以在不亲自编写代码的情况下将动作脚本添加到 FLA 文件。单击"动作"面板右上角的"通过从'动作'工具箱选择项目来编写脚本"按钮,可切换到"脚本助手"模式。单击某个"动作工具箱"项目,面板右上方会显示该项目的描述。双击某个项目,该项目就会被添加到动作面板的"脚本"窗格中,如图 6-54 所示。

在"脚本助手"模式下,可以添加、删除或者更改"脚本"窗格中语句的顺序;在"脚本"窗格上方的框中输入动作的参数,可以查找和替换文本,以及查看脚本行号;还可以固定脚本(即在单击对象或帧以外的地方时保持"脚本"窗格中的脚本)。

脚本助手可避免新手用户在编写代码时出现的语法和逻辑错误,但要使用脚本助手,必须熟悉 ActionScript，知道创建脚本时要使用什么方法、函数和变量。

3. 使用"代码片断"

对于 ActionScript 的初学者来说，编写代码并不是一件很简单的事情。Flash CS6 提供了一个"代码片断"面板，可以帮助不熟悉脚本语言的设计者实现某些脚本功能。借助该面板，可以将 ActionScript 3.0 代码添加到 FLA 文件以启用常用功能。单击"代码片断"按钮 ，可以打开"代码片断"面板，如图 6-48 所示。

利用"代码片断"面板，可以方便地添加能影响对象在舞台上的行为和在时间轴中控制播放头移动的代码，可以将创建的新代码片断添加到面板。使用代码片断也是 ActionScript 3.0 入门的一种好途径，通过学习片段中的代码并遵循片段说明，可以了解代码结构和词汇。

当应用代码片断时，此代码将添加到时间轴中 "Actions"图层的当前帧。如果尚未创建"Actions"图层，Flash 将在时间轴中的所有图层之上添加一个"Actions"图层。

为了使 ActionScript 能够控制舞台上的对象，此对象必须具有在"属性"面板中分配的实例名称。

（1）将代码片断添加到对象或时间轴帧

要添加影响对象或播放头的动作，可执行以下操作。

① 选择舞台上的对象或时间轴中的帧。

如果选择的对象不是元件实例或 TLF 文本对象，则当应用该代码片断时，Flash 会将该对象转换为影片剪辑元件。

如果选择的对象还没有实例名称，在应用代码片断时会弹出如图 6-55 所示的对话框，单击"确定"按钮，Flash 会自动添加一个实例名称。

图 6-55　要求命名实例对话框

② 在"代码片断"面板中，双击要应用的代码片断。

如果选择了舞台上的对象，Flash 将代码片断添加到包含所选对象的帧中的"动作"面板。如果选择了时间轴帧，Flash 只将代码片断添加到那个帧。

③ 在"动作"面板中，查看新添加的代码并根据片断开头的说明替换任何必要的项。如图 6-56 所示，片断中的"/*——*/"之间的部分为说明。如图 6-57 所示为修改了参数值后的代码片断。

图 6-56　原代码片断　　　　　　　　图 6-57　修改后的代码片断

（2）将新代码片断添加到"代码片断"面板

可以将自定义的代码片断或外部的代码片断添加到"代码片断"面板，以方便重复使用。可以用以下两种方法将新代码片断添加到"代码片断"面板。

● 在"创建代码片断"对话框中输入片断。

● 导入代码片断 XML 文件。

要使用"创建代码片断"对话框，可执行以下操作。

① 从"代码片断"面板的面板菜单中选择"创建新代码片断"选项，如图 6-58 所示。

② 在弹出的"创建新代码片断"对话框中，为新代码片断输入标题、工具提示文本和 ActionScript 3.0 代码，如图 6-59 所示。

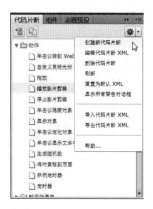

图 6-58　"代码片断"面板菜单

图 6-59　"创建新代码片断"对话框

可以单击"自动填充"按钮，添加当前在"动作"面板中选择的任何代码。如果新定义的代码中包含字符串"instance_name_here"，并且希望在应用代码片断时 Flash 将其替换为正确的实例名称，可选中"应用代码片断时自动替换 instance_name_here"复选框。

Flash 会将新的代码片断添加到"代码片断"面板中名为"自定义"的文件夹中。

要导入 XML 格式的代码片断，可执行以下操作。

① 在"代码片断"面板菜单中选择"导入代码片断 XML"选项。

② 选择要导入的 XML 文件，然后单击"打开"按钮。

要查看代码片断的正确 XML 格式，可从"面板"菜单中选择"编辑代码片断 XML"。要删除代码片断，可在面板中用鼠标右键单击该片段，然后从弹出的快捷菜单中选择"删除代码片断"命令。

思考与实训 6

一、填空题

1. 在 Flash 中，声音有_____、_____、_____、_____四种同步方式，其中可以与时间轴同步播放的是_____方式。

2. 添加到按钮的声音最好采用_____同步方式。

3. 使用_____可以自定义编辑声音的效果。

4. 通过调整声音文件的压缩方式，可以在尽可能减小文件大小的同时保证声音的质量不受影响，可以从_____、_____、_____、_____中选择一种压缩方式。

5．若要将视频导入 Flash 中，必须使用以_____或_____格式编码的视频。

6．使用_____方式导入视频，视频内容独立于其他 Flash 内容和视频回放控件，更新视频内容相对容易。

7．使用_____导入方式，适合回放时间少于 10 秒的视频剪辑。

8．良好的习惯是将视频置于_____元件中，这样可以获得对内容的最大控制。

9．面板是 Flash 提供的专门处理动作脚本的编辑环境。执行"窗口→动作"菜单命令或按_____键，即可打开该面板。

10．Flash CS6 提供了一个_____面板，可以帮助不熟悉脚本语言的设计者实现某些脚本功能。

二、上机实训

1．使用"公用库"中的声音文件，尝试为按钮的不同状态添加声音效果。

2．收集同学的照片，制作一个班级电子相册，为照片配上文字说明与背景音乐。

3．从网上下载不同格式的视频文件，使用 Adobe Media Encoder 把它们转换为 FLV 或 F4V 格式，并且尝试"裁剪输出视频"和设置"源范围"。

4．通过在"动作"面板中直接输入脚本，控制动画跳转、停止。

5．使用"代码片断"，控制舞台实例的显示、隐藏、旋转、移动等属性。

6．使用"代码片断"，通过按钮控制动画的播放流程以及舞台实例的属性。

模块 7

●●●● 综合能力进阶

 案例 22 **中秋节快乐——制作电子贺卡**

案例描述

　　制作如图 7-1 所示的动画短片。镜头中花枝轻轻摇曳，花瓣纷纷飘落，云朵缓缓飘过；诗句伴随着背景音乐逐字出，镜头中各种中秋元素烘托出浓浓的思乡之情。最后呼应主题，呈现祝福语"中秋"文字。

图 7-1 "中秋节快乐"电子贺卡动画效果

案例分析

- 创建背景图像渐显的传统补间动画；添加背景音乐。
- 利用 GIF 动画创建"花瓣雨"影片剪辑，制作花瓣纷纷飘落的效果。
- 制作诗句文字逐字出现的遮罩动画效果。
- 添加并设置"replay"按钮。

操作步骤

1. 新建 Flash 文档，选择 ActionScript 3.0 类型，文档大小为 900x300 像素，背景颜

色为黑色。按【Ctrl+S】组合键保存文件为"中秋节快乐.fla"。

2．执行"文件→导入→导入到库"命令，将素
材文件夹中除"花瓣雨.gif"以外的所有素材导入到
库，素材文件夹如图7-2所示。

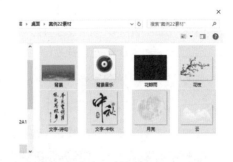

图7-2　素材文件夹

3．将"图层1"重命名为"背景"层，将库中
的"背景"图像拖动到舞台中，利用对齐面板调整
其大小及位置与舞台匹配。右键单击背景图像，在
弹出的菜单中选择"转化为元件"命令，将其转化
为图形元件。在"背景"层第30帧插入关键帧，在
第300帧处插入帧。

4．选中第1帧处的"背景"元件，在其属性面板中设置Alpha值为0%。选择第1~30
帧之间的任一帧，单击鼠标右键，执行"创建传统补间"菜单命令，效果如图7-3所示。

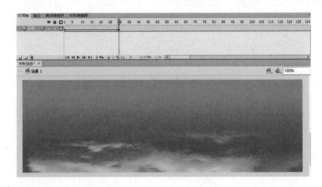

图7-3　背景图层效果

5．在"背景"图层上方新建图层，命名为"月亮"。选中"月亮"图层时间轴的第1
帧，将库中的"月亮.png"文件拖动至舞台，并将其转化为图形元件。在"月亮"层第50
帧插入关键帧，效果如图7-4所示。

6．选中第1帧中的"月亮"元件，在其属性面板中设置Alpha值为10%，并向舞台下
方调整其位置，如图7-5所示。选择第1~50帧之间的任一帧，单击鼠标右键，执行"创
建传统补间"菜单命令。

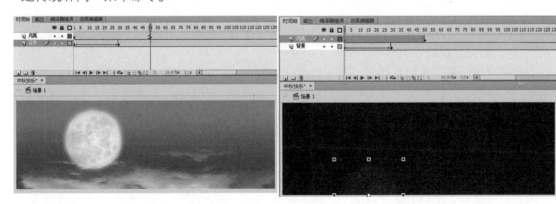

图7-4　第50帧处月亮效果　　　　　　　　图7-5　第1帧处月亮效果

7. 在"月亮"图层上方新建图层，命名为"云"。选中"云"图层时间轴的第1帧，将库中的"云.png"文件拖动至舞台，将其转化为图形元件并调整大小及位置如图7-6所示。在"云"图层第300帧处插入关键帧，将云水平向右移动，在1-300帧之间创建传统补间动画。第300帧处效果如图7-7所示。

图7-6　第1帧处云效果

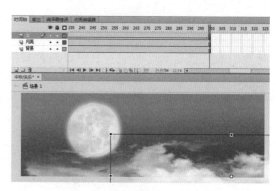

图7-7　第300帧处云效果

8. 在"云"图层上方新建图层，命名为"花枝"。在"花枝"图层时间轴的第50帧处插入关键帧，将库中的"花枝.png"文件拖动至舞台，将其转化为图形元件并调整大小及位置，如图7-8所示。在第80帧、110帧处插入关键帧，调整80帧处花枝效果如图7-9所示。分别在50-80帧、80-110帧之间创建传统补间动画。

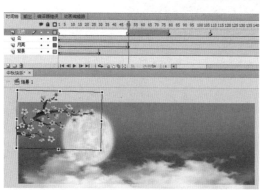

图7-8　第50帧处花枝效果

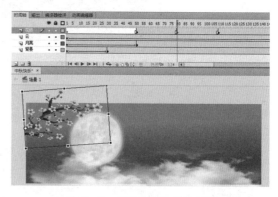

图7-9　第80帧处花枝效果

9. 执行"插入→新建元件"命令，新建名为"花瓣"的影片剪辑，将素材"花瓣雨.gif"导入到当前影片剪辑的舞台中。

10. 返回场景，在"花枝"图层上方新建图层，命名为"花瓣雨"。在该图层第50帧处插入关键帧，将库中的"花瓣"影片剪辑拖动至舞台中。利用"任意变形工具"调整其大小及位置如图7-10所示。

11. 在"花瓣雨"图层上方新建图层，命名为"诗句"。在该图层第80帧处插入关键帧，将库中的"文字-诗名.png"文件拖动至舞台中，调整大小及位置如图7-11所示。

12. 在"诗句"图层上方新建图层，命名为"矩形"。在该图层第80帧处插入关键帧，利用"矩形工具"绘制有填充色的小矩形，效果如图7-12所示。在130帧处插入关键帧，调整矩形形状如图7-13所示。在80-130帧之间创建补间形状动画。

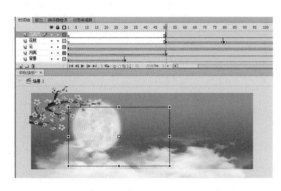

图 7-10   ”花瓣“影片剪辑的位置及大小   图 7-11   文字的位置及大小

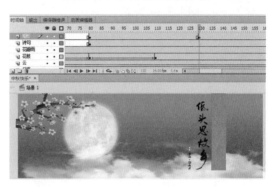

图 7-12   第 80 帧处矩形效果   图 7-13   第 130 帧处矩形效果

13．在"矩形"图层的 131 帧处插入关键帧，继续绘制有填充色的小矩形，如图 7-14
所示。在 181 帧处，调整矩形形状如图 7-15 所示。在 131-181 帧之间创建补间形状动画。

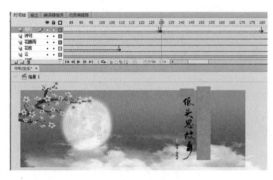

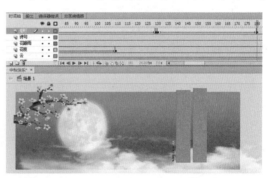

图 7-14   第 131 帧处矩形效果   图 7-15   第 181 帧处矩形效果

14．继续在"矩形"图层的 182 帧及 202 帧之间创建补间形状动画。第 182、202 帧处
矩形形状如图 7-16 所示。

15．在时间轴面板中右键单击"矩形"图层，在打开的菜单中选择"遮罩层"命令。

16．在"矩形"图层上方新建图层，命名为"中秋"。在该图层第 210 帧处插入关键帧，
将库中的"文字-中秋.png"文件拖动至舞台，将其转化为图形元件并调整大小。在 260 帧
处插入关键帧。调整 210 帧及 260 帧处元件的大小分别如图 7-17、7-18 所示。在 210-260
帧之间创建传统补间动画。

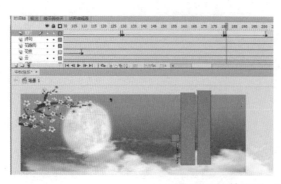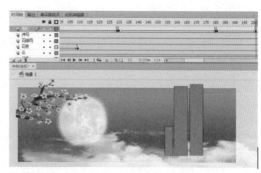

图 7-16　第 182、202 帧处矩形效果

图 7-17　第 210 帧处"中秋"文字效果

图 7-18　第 260 帧处"中秋"文字效果

17. 在"中秋"图层上方新建图层，命名为"音乐"。选中该图层时间轴的第 1 帧，将库中的"背景音乐.wav"文件拖动至舞台。打开属性面板，设置声音属性如图 7-19 所示。

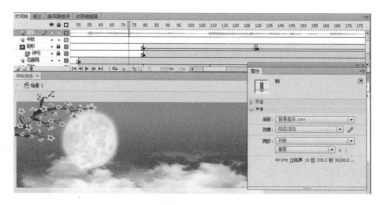

图 7-19　声音属性设置

18. 新建按钮元件"重播"，选择"文本工具"，设置文字大小为 61 点；系列为 Broadway；颜色为白色，在元件编辑窗口输入文字"replay"。分别在"指针经过"及"按下"帧中插入关键帧，调整"指针经过"帧中的文字大小为 50 点，颜色为#ffff00。

19. 在"音乐"图层上方新建"按钮"图层，在该图层第 300 帧插入关键帧，将"重播"按钮元件放置到舞台中。将"按钮"元件实例命名为"replay"，效果如图 7-20 所示。

图 7-20　按钮设置效果

20．将播放头放到第 300 帧处，打开"代码片断"面板，展开"时间轴导航"分类，如图 7-21 所示。双击"在此帧处停止"选项，打开如图 7-22 所示的"动作"面板，新添加的脚本语言高亮显示。此时时间轴自动创建一新图层"Actions"。

图 7-21　"代码片断"面板

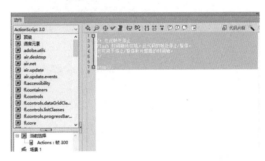

图 7-22　"动作"面板

21．选择按钮元件，打开"代码片断"面板，展开"时间轴导航"分类，双击"单击以转到帧并播放"选项，打开"动作"面板，在添加的脚本语言中将"gotoAndPlay(5)"替换成"gotoAndPlay(1)"，效果如图 7-23 所示。

图 7-23　"动作"面板

22．按【Ctrl+S】组合键保存文件，然后按【Ctrl+Enter】组合键测试影片，播放效果如图 7-1 所示。

中国传统文化——网站片头制作

案例描述

制作如图 7-24 所示的传统文化网站片头。具有中国风特色的荷花伴随着背景音乐出现，然后渐渐消失；隐约出现水墨山水画，伴随着打字效果，出现毛笔写字效果，表现出浓浓的中国传统文化。古筝音乐、荷花、水墨山水、融合中国风的笔墨元素，展现中华优秀传统文化的艺术魅力。

图 7-24 "中国传统文化"网站片头动画效果

案例分析

- 利用传统补间动画创建背景图像渐渐消失的渐隐效果；添加背景音乐。
- 利用元件实现泼墨效果；通过遮罩动画制作墨点喷溅的图片切换效果。
- 利用补间动画制作文字逐字出现并消失的效果。
- 制作毛笔写字和文字逐字出现的遮罩动画效果。
- 添加并设置按钮，添加动作脚本。

操作步骤

1. 打开文件"中国传统文化素材.fla"，按【Ctrl+Shift+S】组合键将文件另存为"中国传统文化.fla"。

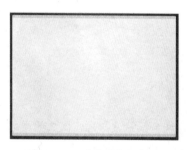

图 7-25 "背景"层效果

2. 打开库面板，将"bg.png"、"背景 1"等图片转换为"bg"、"背景 1"等图形元件。将元件"背景 1"拖动到舞台，打开"对齐"面板，选中"与舞台对齐"复选框，设置"对齐"为"水平中齐"，"分布"为"垂直居中分布"，"匹配大小"为"匹配宽和高"，并调整其位置和大小，如图 7-25 所示。将图层 1 重命名为"背景"，在第 850 帧处插入帧。

3. 新建图层 2 并重命名为"荷花"，在第 33 帧处插入关键帧，打开库面板，将图形元件"荷花"拖至舞台，调整其大小和位置。在第 88 帧处插入关键帧，调整其属性，样式设为"Alpha"，值设为 44%，选取中间任意一帧，右击，选择"创建传统补间"。在 92 帧处插入关键帧，调整 Alpha 值为 15%，创建传统补间，效果如图 7-26 所示。

4．在第 93 帧和第 144 帧处插入空白关键帧，打开库面板，选择影片剪辑元件"水墨画"拖至舞台，并调整其位置和大小，如图 7-27 所示。在第 160 帧处插入关键帧，调整元件的 Alpha 值为 28%。在第 161 帧处插入关键帧，调整元件的 Alpha 值为 23。在第 144～160 帧创建传统补间动画，选择第 834 帧及其后面的帧将其删除。

图 7-26　荷花层及效果

图 7-27　荷花层的水墨画影片剪辑效果

5．新建图层 3 并命名为"墨点音乐"，选中第 35 帧，插入空白关键帧，将库面板中的影片剪辑元件"墨点"拖动至舞台，调整其位置。在库面板中选择声音文件"sound 17"将其拖入舞台中，选中第 155 帧后面的所有帧并将其删除。

6．新建图层 4 并命名为"处世"，在第 235 帧处插入空白关键帧，在库面板中选择影片剪辑元件"处世厚道"并将其拖入舞台中，调整其位置，如图 7-28 所示。在属性面板中调整其 Alpha 值为 0，在第 249 帧处插入关键帧，调整 Alpha 值为 93%，创建传统补间动画。在第 250 帧处插入关键帧，调整其属性"样式"为"无"，在第 352 帧处插入关键帧，创建传统补间动画，在第 363 帧处插入关键帧，调整其 Alpha 值为 0，创建传统补间动画。时间轴如图 7-30 所示。

7．新建图层 5 并命名为"益则"，在第 270 帧处插入空白关键帧，在库面板中选择影片剪辑元件"益则"，并将其拖至舞台，调整其位置，使其与"处世厚道"在一行上，如图 7-29 所示，如步骤 6 一样创建传统补间动画，其时间轴效果如图 7-30 所示。

图 7-28　"处世"层效果

图 7-29　"益则"层效果

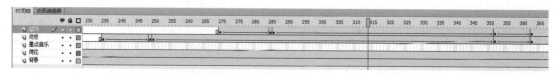

图 7-30 "处世"层和"益则"层的时间轴效果

8. 在第 364 帧处插入空白关键帧，将库面板中的"text"影片剪辑元件拖入舞台并调整其位置，如图 7-31 所示。

9. 在"益则"图层上方新建图层 6 "按钮"。在第 842 帧处插入空白关键帧，在库面板中将按钮元件"button1"拖至舞台，并调整其位置和属性，设置其 Alpha 值为 0，在第 849 帧处插入关键帧，修改其 Alpha 值为 88，在第 842～849 帧之间创建传统补间动画，在第 850 帧处插入关键帧，修改其属性"样式"为"无"，效果如图 7-32 所示。

图 7-31 text 元件的位置

图 7-32 "按钮"元件及其时间轴

10. 在"按钮"图层上方新建图层 7 "水墨画"，在 105 帧处插入空白关键帧，在库面板中将"水墨画"影片剪辑元件拖动到舞台中，调整其大小及位置，效果如图 7-33 所示。

11. 在"水墨画"图层上方新建图层 8 "白点"，将库中的影片剪辑元件"白点"拖至舞台，并调整到合适的位置。选中"水墨画"图层和"白点"图层的第 155 帧之后的所有帧并将其删除，然后将图层"白点"设置为"遮罩层"。其时间轴的图层效果如图 7-34 所示。

图 7-33 "水墨画"图层效果

图 7-34 时间轴图层效果

12. 在"白点"图层上方新建图层 9 "sound"，选中本层中的所有帧并删除，选中第 92 帧，插入空白关键帧，将库中的声音文件"sound 18"拖动到舞台。

13. 继续新建图层 10 "action"。选择该图层的第一帧，打开动作面板，输入动作脚本，如图 7-35 所示，在第 5 帧处插入空白关键帧，输入动作脚本，如图 7-36 所示。在第 28 帧处插入关键帧，在最后一帧 850 帧处插入空白关键帧，打开动作面板，在动作面板中输入动作脚本"stop ( );"如图 7-37 所示，然后关闭动作面板。

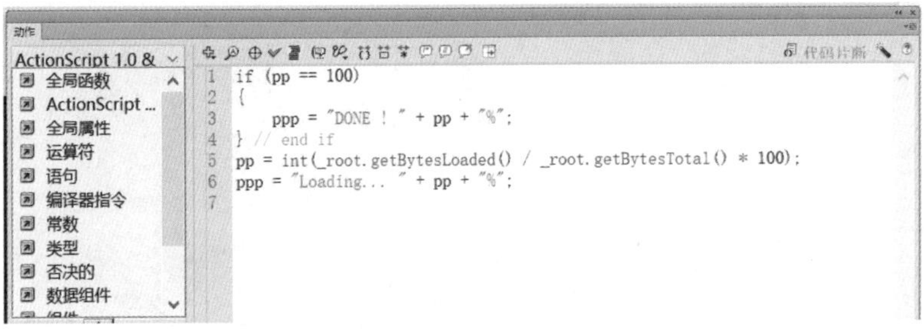

图 7-35 第 1 帧动作脚本

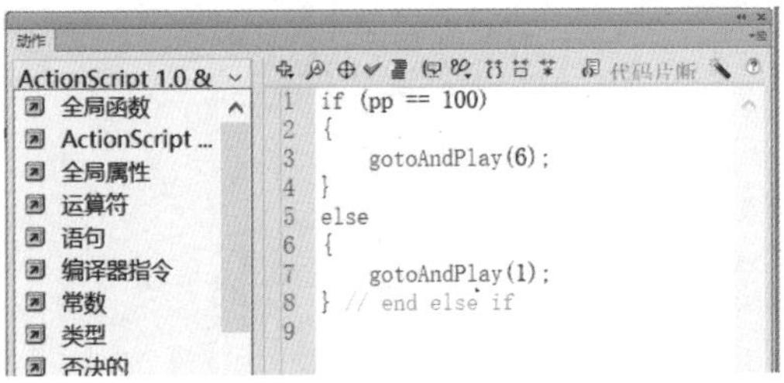

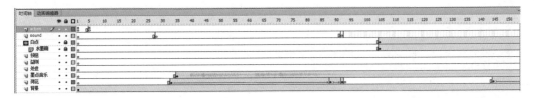

图 7-36 第 5 帧动作脚本

图 7-37 第 850 帧动作脚本

14. 最终时间轴效果如图 7-38 所示。

图 7-38 时间轴及图层效果

15. 按【Ctrl+S】组合键保存文件，然后按【Ctrl+Enter】组合键测试影片，播放效果如图 7-24 所示。

案例 24 人工智能 AI—制作开场动画

案例描述

制作如图 7-39 所示的开场动画。通过本实例展现人工智能的发展，镜头伴随着背景音乐慢慢拉开帷幕，通过多张图片的遮罩切换来充分展现人工智能 AI 的发展及应用。通过本实例的制作掌握开场动画的制作方法。

图 7-39　开场动画效果

案例分析

- 创建背景图像由小到大的传统补间动画；添加背景音乐。
- 使用遮罩动画实现图片的切换。
- 掌握外部库的使用方法。
- 制作文字变化的动画效果。

操作步骤

1．执行"文件→新建"菜单命令，弹出"新建文档"对话框，选择 ActionScript 3.0 选项进行设置，如图 7-40 所示。单击"确定"按钮，新建 Flash 文档，在第 30 帧按【F6】键插入关键帧，导入素材图像"0.png"，如图 7-41 所示。

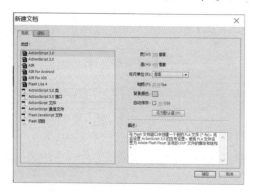

图 7-40　"新建文档"对话框

图 7-41　导入素材图像

2．选中导入的素材图像，将其转换成名称为"框"的图形元件，分别在第 40 帧和第 45 帧按【F6】键插入关键帧，选择第 30 帧上的元件，设置 Alpha 值为 0%，并将其等比例缩小，如图 7-42 所示。选择第 40 帧上的元件，设置 Alpha 值为 70%，并将其等比例放大，如图 7-43 所示。

3．分别在第 30 帧和第 40 帧创建传统补间动画，在第 1050 帧按【F5】键插入帧，时间轴如图 7-44 所示。新建图层 2，执行"文件→导入→打开外部库"菜单命令，打开"外部库"面板，如图 7-45 所示。

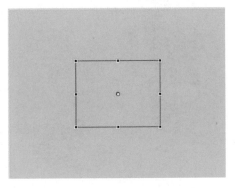

图 7-42　第 30 帧元件效果

图 7-43　第 40 帧元件效果

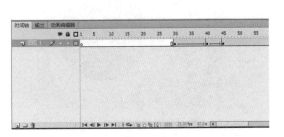

图 7-44　图层 1 时间轴效果

图 7-45　"外部库"面板

4．从"外部库"面板中将"圆动画"元件拖入舞台中，并调整至合适的位置，如图 7-46 所示。新建图层 3，在第 97 帧按【F6】键插入关键帧，导入素材图像"1.png"，如图 7-47 所示。

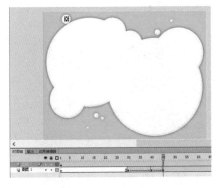

图 7-46　拖入元件

图 7-47　导入素材图像

5．新建"图层 4"，在第 97 帧按【F6】键插入关键帧，在"外部库"面板中将"圆"元件拖入舞台中，如图 7-48 所示。分别在第 130 帧和第 145 帧按【F6】键插入关键帧，选择第 130 帧上的元件，将其向左移动，如图 7-49 所示。

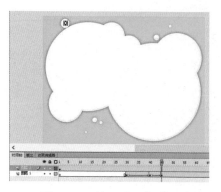

图 7-48 拖入"圆"元件

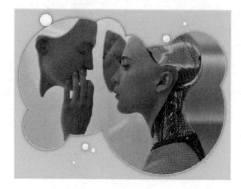

图 7-49 130 帧元件位置

6. 选择第 145 帧上的元件，将该帧上的元件等比例放大，如图 7-50 所示。分别在第 97 帧和第 130 帧创建传统补间动画，将"图层 4"设置为遮罩层，创建遮罩动画，如图 7-51 所示。

图 7-50 等比例放大元件

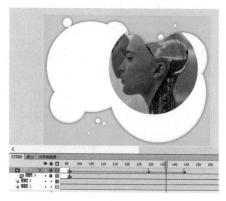

图 7-51 创建遮罩动画

7. 新建图层 5，在第 203 帧位置按【F6】键插入关键帧，导入素材"2.png"，如图 7-52 所示。新建图层 6，在第 203 帧位置按【F6】键插入关键帧，在"外部库"面板中将"圆"元件拖入舞台中，如图 7-53 所示。

图 7-52 导入素材 2 效果

图 7-53 "圆"元件的位置

8. 分别在第 237 帧和第 256 帧插入关键帧，选择第 237 帧上的元件，将该帧上的元件向上移动并等比例放大，如图 7-54 所示。选择第 256 帧上的元件，将该帧上的元件等比例放大，如图 7-55 所示。

9. 分别在第 203 帧和第 236 帧创建传统补间动画，将"图层 6"设置为遮罩层，创建遮罩动画，如图 7-56 所示。新建图层 7，在第 262 帧插入关键帧，使用"文本工具"在画布中输入文字"人工智能"，将文字转换为名称为"文字 1"的图形元件，如图 7-57 所示。

图 7-54　237 帧元件位置

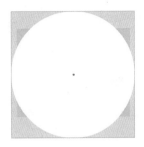

图 7-55　等比例放大元件

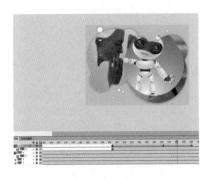

图 7-56　遮罩动画

图 7-57　文字 1 元件

10．分别在第 269 帧和第 272 帧插入关键帧，选择第 262 帧上的元件，将其等比例缩小并设置其 Alpha 值为 0%，如图 7-58 所示。选择第 269 帧上的元件，将其等比例放大，分别在第 262 帧和第 269 帧创建传统补间动画，如图 7-59 所示。

图 7-58　第 262 帧效果

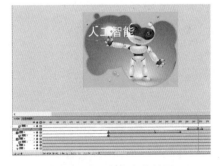

图 7-59　文字变化效果

11．新建图层 8，在第 331 帧位置插入关键帧，导入素材图片"3.png"，如图 7-60 所示。新建图层 9，在第 331 帧插入关键帧，在"外部库"面板中将"圆"元件拖入舞台中，如图 7-61 所示。

12．分别在第 359 帧、第 370 帧和第 390 帧处插入关键帧，选择第 359 帧上的元件，将其向上移动，如图 7-62 所示，选择第 370 帧上的元件，将其向上移动，比 359 帧的位置稍向上一点儿，选择第 390 帧上的元件，将其等比例放大，如图 7-55 所示。

13．分别在第 331 帧、第 359 帧和第 370 帧位置创建传统补间动画，将图层 9 设置为遮罩层，创建遮罩动画，如图 7-63 所示。新建图层 10，在第 409 帧插入关键帧，使用文本工具在画布中输入文字"人工智能"，将文字转换为名称为"文字 2"的图形元件。

图 7-60　导入图像 3

图 7-61　第 331 帧元件位置

图 7-62　第 359 帧处元件位置

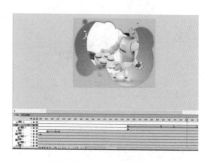

图 7-63　创建遮罩动画

14.在第 421 帧处插入关键帧，选择第 409 帧上的元件，将其等比例缩小并设置其 Alpha 值为 0%，在第 409 帧创建传统补间动画，舞台与时间轴效果如图 7-64 所示。

15.使用相同的制作方法，可以完成"图层 11"至"图层 22"的动画效果的制作，场景效果如图 7-65 所示，时间轴面板如图 7-66 所示。

图 7-64　文字效果

图 7-65　场景效果

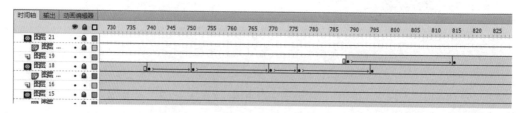

图 7-66　时间轴面板

16.新建图层 23，在第 133 帧位置插入关键帧，在"外部库"面板中将"矩形动画"

元件拖入舞台，如图 7-67 所示。新建图层 24，在第 1050 帧处插入关键帧，按【F9】键打开"动作"面板，输入 ActionScript 脚本代码，如图 7-68 所示。

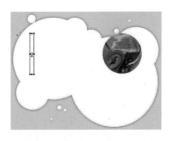

图 7-67　矩形动画元件

图 7-68　输入脚本代码

17．新建图层 25，在第 1 帧处，将库中的音乐文件 kisstherain 拖至舞台中。

18．完成动画的制作，执行"文件→保存"菜单命令，将动画保存为"春天里的改革故事.fla"，按【Ctrl+Enter】组合键，测试动画效果，如图 7-39 所示。

思考与实训 7

一、填空题

1．颜料桶工具可以为_____填充颜色，墨水瓶工具可以为_____填充颜色。

2．按钮是一种独特的元件，它的时间轴只有_____帧，分别是_____。

3．元件与实例的关系表现为，如果修改_____会影响_____的显示效果，而修改_____则不会影响_____。

4．引导层动画效果只能在_____动画中实现。

5．可以为_____和_____添加骨骼，添加骨骼后，所有关联的内容会被移到新的图层，_____层。

6．Flash 支持的声音格式有_____。

7．使用_____软件，可以方便地把视频编码为 Flash 支持的格式。

8．使用 ActionScript 3.0 之前的版本，将无法在 Flash 中使用_____工具和_____工具。

9．ActionScript 3.0 的脚本会自动放置在_____层。

10．使用 Flash 提供的_____面板，可以无须了解 ActionScript 3.0 的语法而使用脚本。

二、上机实训

1．自己搜集、整理素材，为某瑜伽健身网站制作一段 30 秒的片头。要注意音、画配合得当。

2．收集材料，与同学合作制作一个宣传低碳知识的公益性课件。要求合理设置交互，实用又易用。

3．制作一段手机的广告。要求用到"遮罩动画"和"传统运动引导层动画"。

4．自选歌曲，制作一段 MV。要求用到视频、3D 效果和骨骼动画效果。

反侵权盗版声明

电子工业出版社依法对本作品享有专有出版权。任何未经权利人书面许可，复制、销售或通过信息网络传播本作品的行为；歪曲、篡改、剽窃本作品的行为，均违反《中华人民共和国著作权法》，其行为人应承担相应的民事责任和行政责任，构成犯罪的，将被依法追究刑事责任。

为了维护市场秩序，保护权利人的合法权益，我社将依法查处和打击侵权盗版的单位和个人。欢迎社会各界人士积极举报侵权盗版行为，本社将奖励举报有功人员，并保证举报人的信息不被泄露。

举报电话：（010）88254396；（010）88258888

传　　真：（010）88254397

E-mail：　dbqq@phei.com.cn

通信地址：北京市万寿路 173 信箱

　　　　　电子工业出版社总编办公室

邮　　编：100036